情趣中学习 生活中提升

情趣花盆

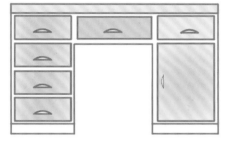

办公桌

水池侧立面

电动机

象棋

房子

踢足球　　　彩球

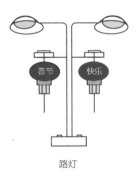

路灯

果汁杯

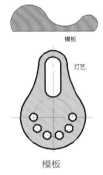

模板

支架

书标

家

三视图与零件图样

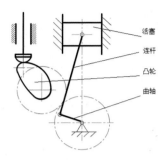

汽油发动机机构图

艺术品

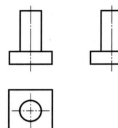

艺术品三视图

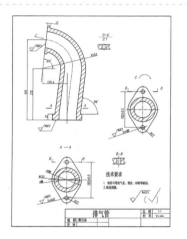

发动机通气管

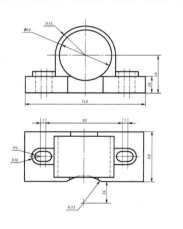

三视图

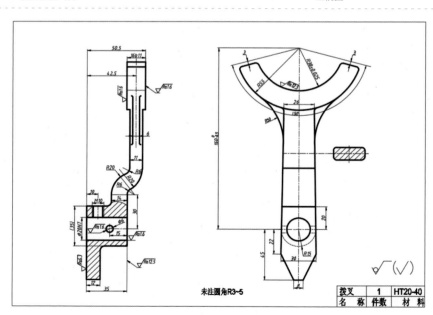

拔叉

齿轮泵装配图

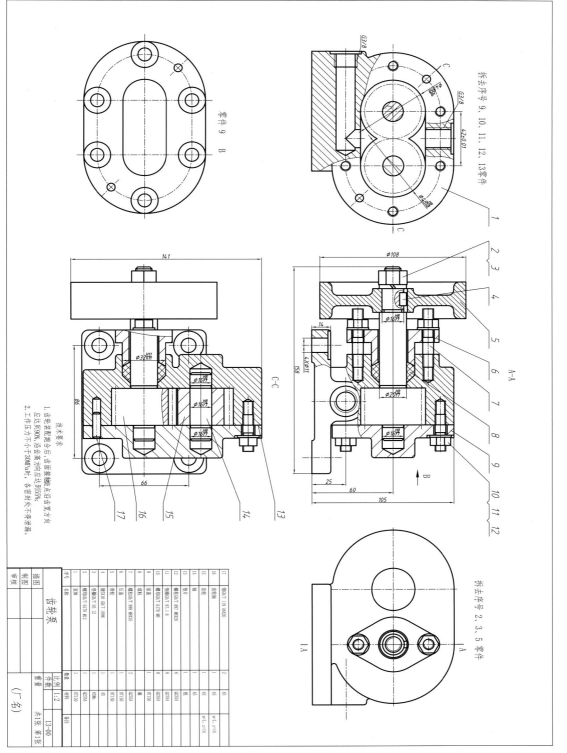

三维造型

三维线框　　　　三维实体　　　　三维曲面　　　　三维网格

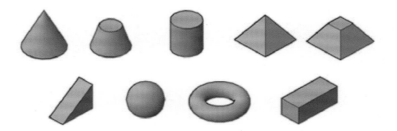

实体图元

利用二维图形建立三维实体放样实体　　　　　　　放样实体　　　　　　放样实体

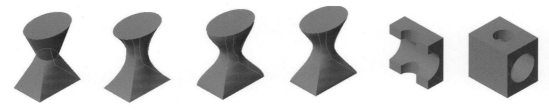

直纹　　　　平滑拟合　　　　法线指向　　　　拔模斜度　　　　剖切　　　　视图

放样的不同设置及其效果

五角星　　　　立柱底部　　　　电源插头　　　　螺丝刀　　　　遥控器壳

快速入门与进阶

AutoCAD
全实例教程 视频精讲版

樊百林 杨 皓 编著

化学工业出版社

·北京·

图书在版编目（CIP）数据

快速入门与进阶：AutoCAD全实例教程：视频精讲版/樊百林，杨皓编著. —北京：化学工业出版社，2018.8

ISBN 978-7-122-32337-8

Ⅰ. ①快… Ⅱ. ①樊… ②杨… Ⅲ. ①工程制图-AutoCAD软件 Ⅳ. ①TB237

中国版本图书馆 CIP 数据核字（2018）第 120187 号

责任编辑：王　烨　　　　　　　文字编辑：陈　喆

责任校对：宋　夏　　　　　　　装帧设计：尹琳琳

出版发行：化学工业出版社（北京市东城区青年湖南街13号　邮政编码100011）
印　　　刷：三河市航远印刷有限公司
装　　　订：三河市瞰发装订厂
787mm×1092mm　1/16　印张20　字数448千字　2019年1月北京第1版第1次印刷

购书咨询：010-64518888　　售后服务：010-64518899
网　　　址：http://www.cip.com.cn
凡购买本书，如有缺损质量问题，本社销售中心负责调换。

定　　价：**69.80元**

随着数字化制造和计算机绘图技术的迅猛发展，使用计算机进行绘图也成为工程技术人员必备的技能之一。AutoCAD是美国Autodesk公司推出的计算机辅助设计和绘图软件，在机械、电子、建筑等工程设计领域得到了普遍的应用，是计算机CAD系统中应用最为广泛和普及的图形软件之一。

经过二十年的发展与进步，CAD技术已经完全成熟。CAD技术在机械产品设计过程之中，其应用主要体现在零部件与装配图的实体生成、模具CAD的集成制造、CAD技术多维绘图的应用、CAE机械软件的应用等几个方面。其中，CAD系统的运用更新了传统的设计手段与设计方法，很大程度上摆脱了传统设计过程中存在的不足与束缚，在设计观念上融入了现代设计的特点，进而促进了机械制造业的快速发展。随着CAD版本技术的更新，又使CAD技术更加完善。

另一方面，云服务是一种虚拟化的资源，是基于互联网相关使用和交付的重要模式。随着互联网技术的发展，计算机绘图技术资料将成为未来云服务系统的内容之一，成为工程网络设计和制造不可或缺的流通商品。

计算机CAD和CAM产生的计算数据使企业能够根据所需把资源切换到需要的应用场合，企业获得了极大的便捷服务，可实现随时随地的自由传输。

本书以AutoCAD2016为基础，共5篇10章，第1篇AutoCAD计算机绘图技术包含2章，分别介绍了AutoCAD2016计算机绘图技术及AutoCAD2016绘图基本命令；第2篇平面图形与绘图环境设置包含2章，分别介绍了电气符号与平面图形以及绘图环境设置与尺寸标注；第3篇填充与标准件包含2章，分别介绍了机构与三视图及标准件与机械结构简图；第4篇机器与零件图样的表达包含2章，分别介绍了块与零件图样及装配图的绘制；第5篇三维绘图与打印输出包含2章，分别介绍了工业产品三维绘图及打印输出。

本书内容全面、实例丰富，具有以下特点。

● 内容全面。本书几乎涵盖了AutoCAD 2016的所有知识点，包含了大量机械设计的应用方法和技巧。实例与知识点相结合，既生动详细又易于理解。

● 内容从简单到复杂，从平面到立体，从生活到生产，从情趣到严谨；从电气符号到电路图，从生活用品到生产零件，从机构图到机械结构图，从情趣设计到机器装配图设计等，让学习不再枯燥。

● 实例丰富。本书依照各个知识点进行实例设置和练习，给出设计思路，帮助读者理解各功能及其使用方法。

● 多媒体视频教学。本书附带部分重要实例教学的视频讲解资料，读者可以观看视频学习设计及制图。

本书由樊百林、杨皓编著。其中，樊百林编写了第1篇～第3篇、第4篇的第7章部分内容；杨皓编写了第4篇的第7章部分内容、第8章，第5篇。万静、和丽、曹彤、王小群、许倩、张苏华、黄钢汉、查向云、朱学洋、辛文萍、杨帆、李红宇、程学道、李寅岗等为本书的编写提供了很多帮助，在此一并表示感谢。

由于编著者水平有限，纰漏与不妥之处在所难免，敬请各位读者不吝指教，建议和意见可发给编著者：fanbailin868@sina.cn，在此表示衷心的感谢。

编著者

目 录
CONTENTS

第2篇 平面图形与绘图环境设置

03

第3章 电气符号与平面图形

04

第4章 绘图环境设置与尺寸标注

第3篇 填充与标准件

05

第5章 机构与三视图

06

第6章 标准件与机械结构简图

第4篇 机器与零件图样的表达

07

第7章 块与零件图样

08

第8章 装配图的绘制

09

第5篇 三维绘图与打印输出

第9章 工业产品三维绘图

10

第10章　打印输出

AutoCAD全实例教程（视频精讲版）

AutoCAD

rt one

01

第1章

AutoCAD 2016
计算机绘图技术

学习目标：

AutoCAD 2016的用户界
面与操作方法。

1.1 AutoCAD计算机绘图技术

1.1.1 AutoCAD在机械设计中应用

从二十世纪中叶起人们已经开始利用CAD技术进行有关的机械设计。经过二十年的发展与进步，CAD技术已经完全成熟。随着CAD技术的完善，机械设计周期不断缩短，CAD技术的应用能够较好地完成零部件结构以及各项参数的精确计量与设计，能够准确地将各类零部件进行有效的结合，并形成一个新的基本体结构。同时又促成CAD技术的更加完善。

CAD技术在机械产品设计过程之中的应用主要体现在零部件与装配图的实体生成、模具CAD的集成制造、CAD技术多维绘图的应用、CAE机械软件的应用等几个方面。CAD技术的运用更新了传统的设计手段与设计方法，很大程度上摆脱了传统设计过程中存在的不足与束缚，在设计观念上融入了现代设计的特点，进而促进了机械制造业的快速发展。

1.1.2 AutoCAD构成与发展

随着计算机绘图技术的发展，使用计算机进行绘图的能力也成了工程技术人员必备技能之一。AutoCAD是美国Autodesk公司推出的计算机辅助设计和绘图软件，在机械、电子、建筑等工程设计领域得到了普遍的应用，是计算机CAD系统中应用最为广泛和普及的绘图软件之一。

计算机绘图（Computer Graphics）是应用计算机，通过程序和算法或图形交互软件，在专用设备上实现图形的显示及绘图的输出。计算机绘图是计算机辅助设计CAD和计算机辅助制造CAM的重要组成部分。

CAD系统包含硬件系统和软件系统，硬件系统主要由图形输入设备、图形输出设备、工程工作站、个人计算机等设备构成。CAD软件主要可以划分为数据管理软件、CAD应用软件和交互式图形显示软件这三种类型。

云服务是一种虚拟化的资源，是基于互联网的相关使用和交付模式。随着网络、互联网技术的发展，计算机绘图技术资料将成为未来云服务系统的内容之一，成为工程网络设计和制造不可或缺的流通商品。

通过使计算机CAD和CAM计算数据分布在大量的分布式计算机上，使企业能够根据所需资源切换到需要的应用上，这就使得企业获得了极大的便捷服务，可以实现任何时间任何地点的自由传输。

对于大型企业来说，云服务使企业的网络系统更加强大和发达，使技术数据应用更加便捷和低成本，给企业带来了低能耗的人力、物力、管理、技术流通服务。云服务是技术发展的产物，反过来又推进了整个社会的发展。

1.2　AutoCAD 2016用户界面

1.2.1　启动和关闭

　　双击桌面上的AutoCAD 2016快捷图标 ，启动AutoCAD软件，点击"+"，新建"*.dwg"文件后，如图1-1所示，系统会直接进入图1-2所示界面。

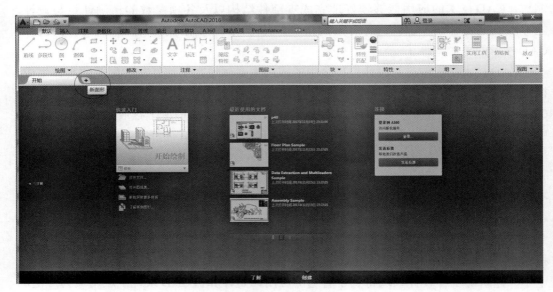

图1-1　启动

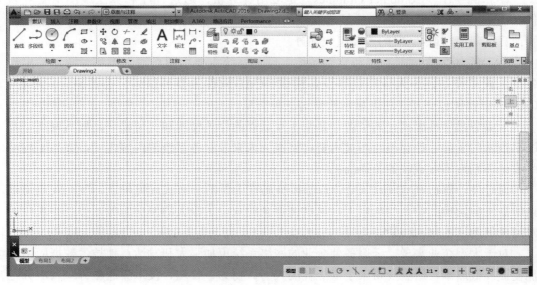

图1-2　工作界面

退出时，保存新建文件到自己所需要的磁盘位置后，如图 1-3 所示，单击该对话框右上角的▨关闭按钮，退出 AutoCAD 2016。

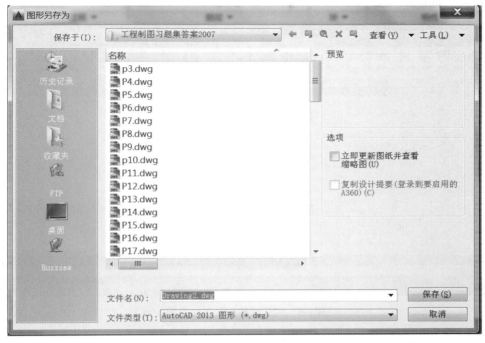

图1-3　保存文件

1.2.2　工作空间

AutoCAD 2016 版本，其界面提供了"草图与注释""三维基础""三维建模"三种工作空间，如果导入 AutoCAD 经典，还有"AutoCAD 经典"工作空间，如图 1-4 所示。这几种工作空间可以根据自己工作需求切换使用。

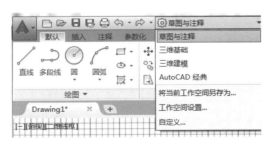

图1-4　工作空间切换

系统默认打开的是二维"草图与注释"空间，其工作界面如图 1-2 所示。在该空间中，可以使用"绘图""修改""图层""注释""块""特性""组""实用工具"等面板绘制二维图。

在"三维基础"空间，可以方便地绘制图形，其选项卡提供了"默认""插入""管理""输出""A360""精选应用""Performance"等面板，为绘制三维图形、观察图形、创建动画等提供了最基础的绘图环境，如图1-5所示。

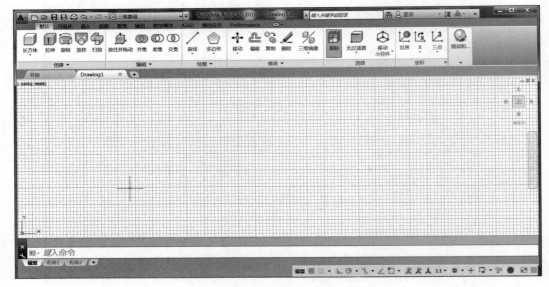

图1-5 "三维基础"工作空间

图1-6所示是"三维建模"工作空间。在三维建模空间的功能区内，集中了"三维建模""网络""可视化"等功能选项卡，在视图选项卡下提供了"视觉样式""导航栏"等功能，为绘制三维图形、观察图形、创建动画等提供了非常便利的操作环境。

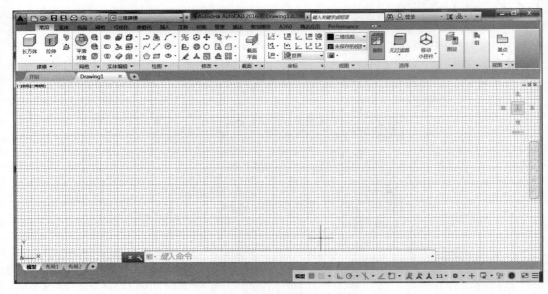

图1-6 "三维建模"工作空间

对大多数老用户来说，可以使用熟悉的"AutoCAD经典"工作空间，如图1-7所示。

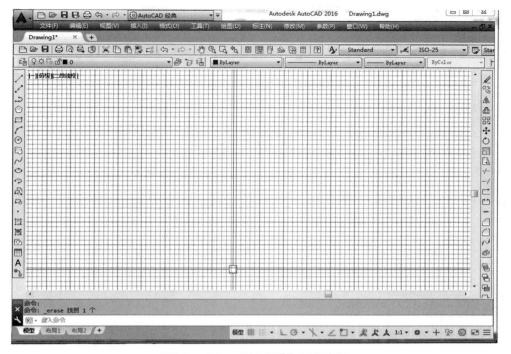

图1-7　"AutoCAD经典"工作空间

1.3　背景颜色

在默认情况下，绘图窗口背景是白色，如果用户需要改变背景颜色，可在视图面板点击右下角，如图1-8所示，弹出如图1-9所示显示选项对话框，然后选择颜色，则弹出如图1-10所示对话框，一般根据视觉习惯，在颜色下拉菜单中选择背景颜色为黑色，最后点击"应用并关闭"。

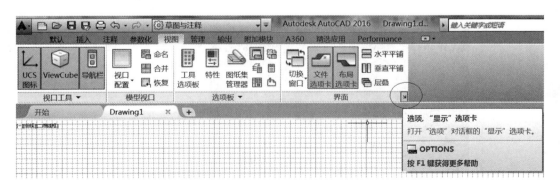

图1-8　选项

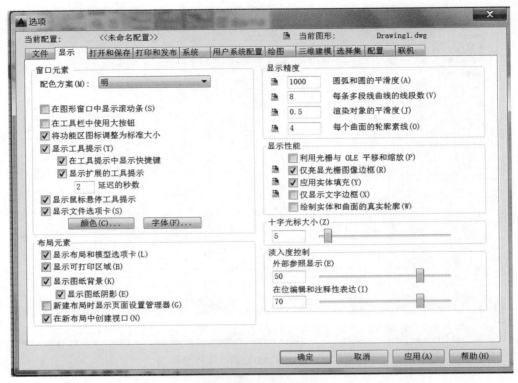

图1-9　显示选项对话框

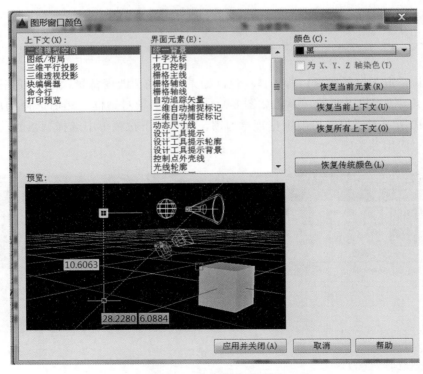

图1-10　选定颜色对话框

1.4 AutoCAD 2016操作界面

AutoCAD 2016的各个工作空间都包含"菜单浏览器"按钮、快速访问工具栏、当前工作空间、标题栏、绘图窗口、命令窗口、状态栏、功能选项卡、功能区面板、信息中心、窗口控制等元素，如图1-11所示。

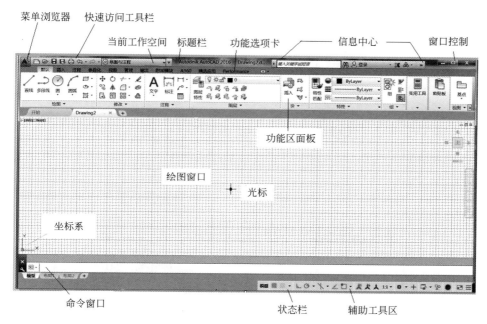

图1-11 二维"草图与注释"空间操作界面

1.4.1 菜单浏览器

菜单浏览器按钮 位于界面左上角。单击该按钮，系统弹出AutoCAD菜单，如图1-12所示，其中包含了AutoCAD的功能和命令，选择命令后即可执行相应操作。

1.4.2 快速访问工具栏

AutoCAD 2016的快速访问工具栏中包含最常用的快速按钮，从左到右依次是新建、打开、保存、另存为、打印、放弃、重做、工作空间切换、自定义快速访问工具栏，如图1-13所示。

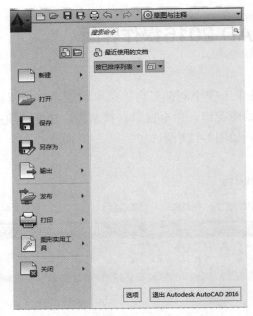

图1-12　AutoCAD菜单浏览器

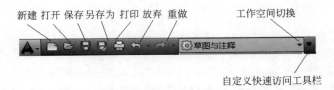

图1-13　快速访问工具栏

1.4.3　标题栏

　　标题栏位于应用程序窗口的顶部，用于显示当前正在运行的软件名称及文件名等信息。标题栏中的信息中心提供了多种信息来源，如图1-14所示。

图1-14　草图与注释空间标题栏

1.4.4　菜单栏

　　菜单栏位于标题栏下方，在"AutoCAD经典"工作空间下由"文件""编辑""视图""插入""格式""工具""绘图""标注""修改""参数""窗口"和"帮助"等12个菜单项构成，如图1-15（a）所示。

图1-15是四种工作空间下的菜单栏选项卡，单击相应的选项卡，即可分别调用相应的命令。

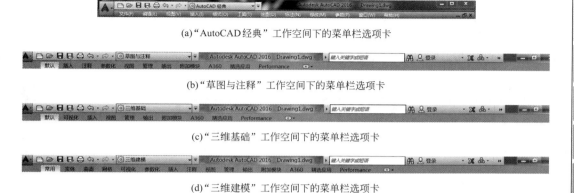

(a)"AutoCAD经典"工作空间下的菜单栏选项卡

(b)"草图与注释"工作空间下的菜单栏选项卡

(c)"三维基础"工作空间下的菜单栏选项卡

(d)"三维建模"工作空间下的菜单栏选项卡

图1-15　四种工作空间下的菜单栏选项卡

1.4.5　自定义快速访问工具栏

　　在AutoCAD 2016的"草图与注释"工作空间状态下，如果要显示其菜单栏，在标题栏的"工作空间"右侧单击倒三角按钮，从弹出的"自定义快速访问工具栏"列表框中选择"显示菜单栏"命令，即可显示AutoCAD的常用菜单栏，如图1-16所示。

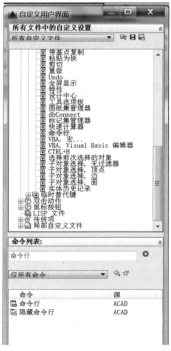

图1-16　显示菜单栏状态

1.4.6 功能区面板

"草图与注释"默认状态下的功能区面板如图1-17所示，由"绘图""修改""图层""注释""块""特性""组""实用工具""剪切板""视图"组成。不同菜单下显示不同的功能面板，"视图"下的功能面板如图1-18所示。

图1-17　默认功能区面板

图1-18　"视图"下的功能面板

1.4.7 功能图标

在AutoCAD 2016"草图与注释"工作空间下，功能面板上有各种功能图标，使用时一目了然，如图1-19所示。下拉倒三角会显示全部功能图标，如图1-20所示。

图1-19　各种功能图标

图1-20　下拉菜单下的功能图标

1.4.8 工具栏

AutoCAD 2016中配置了二十多个工具栏，用户可以根据需要打开或者关闭某个工具栏。在"AutoCAD经典"工作空间下，可以选择"工具-工具栏"菜单项，从弹出的联级菜单中选择相应的工具栏即可，如图1-21所示。

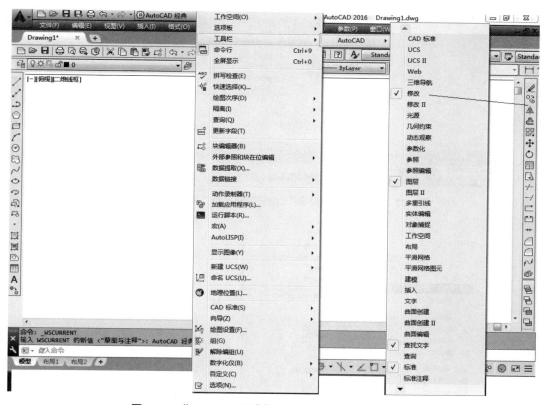

图1-21 "AutoCAD经典"工作空间下的工具-工具栏

如果需要使用某个工具栏，也可以在已有的工具栏上右击鼠标，在弹出的快捷菜单中选择需要显示的工具，工具条即弹出。

1.4.9 下拉菜单

工具栏是AutoCAD以图标形式提供的一种快速输入和执行命令的集合，其中的每个按钮均代表了AutoCAD的一条命令，用户只需单击某个按钮，AutoCAD就会执行相应的命令。

如图1-22所示为在"AutoCAD经典"工作空间下"格式"下拉菜单，选择命令即可进行相应的操作。图1-23所示为"AutoCAD经典"工作空间下的常用下拉菜单。

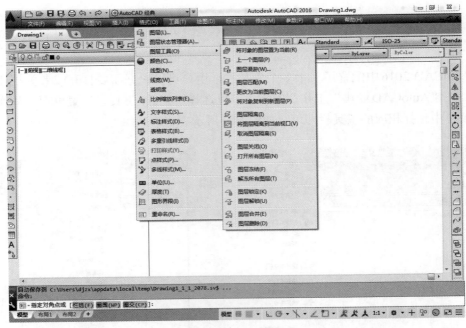

图1-22　"AutoCAD经典"工作空间下的"格式"下拉菜单

(a)"绘图"下拉菜单　　　　(b)"修改"下拉菜单　　　　(c)"插入"下拉菜单

图1-23　"AutoCAD经典"工作空间下的常用下拉菜单

1.4.10 绘图窗口

绘图窗口是用来绘制、编辑、显示图形的工作区域。绘图窗口内有一个十字形光标，其交点反映当前光标的位置，主要用于定位点和选择对象。在绘图窗口中不仅显示当前的绘图结果，而且还显示用户当前使用的坐标系图标，表示了该坐标系的类型和原点、X轴和Y轴的方向，如图1-24所示。

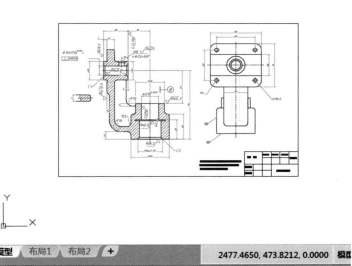

图1-24　绘图窗口

1.4.11 命令窗口

命令的使用有三种方式：一种是在经典CAD工具条中选择命令；第二种是在绘图功能面板中选取；第三种用户直接在命令行输入命令，用户输入的命令及AutoCAD提示的信息都将在命令提示窗口中显示出来，该窗口是AutoCAD和用户进行命令式交互的窗口，如图1-25所示。

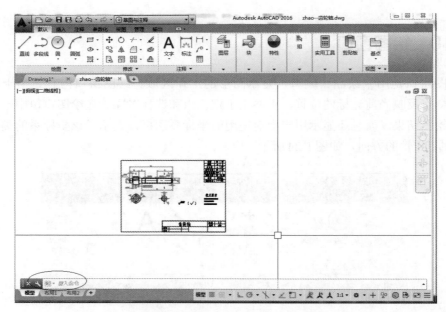

图1-25　命令显示与命令历史记录

1.4.12　文本窗口

在命令行的最右边，显示在绘图过程中产生的过程数据和操作数据，如命令历史记录文本，如图1-26所示。

```
命令:
命令:_WSCURRENT
输入 WSCURRENT 的新值 <"AutoCAD 经典">: 草图与注释
命令:  <栅格 开>
命令:
自动保存到 C:\Users\Administrator\appdata\local\temp\Drawing1_1_1_1249.sv$ ...
命令:
命令: 指定对角点或 [栏选(F)/圈围(WP)/圈交(CP)]: *取消*
命令:
命令: 指定对角点或 [栏选(F)/圈围(WP)/圈交(CP)]:
命令: *取消*
命令:
命令:
命令: _line
指定第一个点:
指定下一点或 [放弃(U)]:
指定下一点或 [放弃(U)]:
指定下一点或 [闭合(C)/放弃(U)]:
指定下一点或 [闭合(C)/放弃(U)]:
```

图1-26　文本窗口

1.4.13　状态栏

状态栏位于屏幕的底部，用于显示或设置当前的绘图状态，如图1-27所示。

当前绘图状态按钮分别表示模型或图纸空间、栅格显示、捕捉到图形格栅、正交限制、极轴追踪、等轴测草图、对象捕捉追踪、对象捕捉、显示注释对象、当注释比例发生变化时将比列添加到注释性对象、当前视图的注释比例、切换工作空间、注释监视器、隔离对象、硬件加速、全屏显示、自定义等，单击某一按钮实现启用和关闭对应功能的切换。

图1-27　状态栏

1.5　AutoCAD命令的执行方式

AutoCAD的功能大多是通过执行相应的命令来完成的。其执行方式有命令行输入、图标功能、工具栏按钮输入、重复输入。

通过功能图标或工具栏按钮执行命令，是最常用的命令执行方式。

1.5.1　命令行输入

在命令行中直接输入命令并按"Enter"键，然后根据命令行提示输入有关参数，如启动直线命令，可在命令行输入LINE，大部分命令有简化形式，如直线命令可直接输入L，如图1-28所示。

```
命令: _line
指定第一个点:
指定下一点或 [放弃(U)]:
```

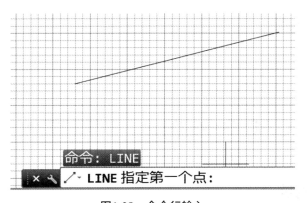

图1-28　命令行输入

1.5.2　图标功能

使用菜单功能面板中的图形命令图标输入，如绘制圆时，可单击 ◔ 图标，即可启动"圆"命令，也可通过菜单执行命令，如图1-29所示。

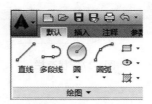

图1-29　图标命令

1.5.3　工具栏按钮输入

在"AutoCAD经典"工作空间下，通过单击工具栏或工具面板上的按钮执行命令，如绘制直线，可通过单击"直线"按钮 ∕，启动"直线"命令，如图1-30所示。

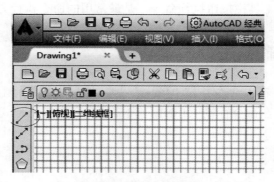

图1-30　通过工具栏按钮执行命令

1.5.4　重复输入

按"Enter"键或鼠标右键，重复执行刚结束的上一条命令。

1.6　AutoCAD命令的终止、撤销和重做

1.6.1　命令的终止

按"Esc"键，可以终止正在执行的命令。

1.6.2　命令的撤销

单击"快速访问工具栏"中的"放弃"按钮↰,如图1-31、图1-32所示,或在命令行输入U或UNDO可撤销上一次操作。重复执行,可逐一撤销前面执行的命令。

图1-31　放弃和重做按钮

图1-32　放弃

1.6.3　命令的重做

单击"快速访问工具栏"中的"重做"按钮↱,如图1-31、图1-33所示,或在命令行输入REDO可恢复上一个用U或UNDO命令放弃的操作,该操作必须紧跟在U或UNDO命令之后使用才有效。

图1-33　重做

—— 习 题 ——

1. 练习AutoCAD 2016工作空间的转换。
2. 练习并掌握默认状态下的功能图标。
3. 练习并掌握AutoCAD命令的执行方式。
4. 练习并掌握AutoCAD命令的终止、撤销和重做。

02

第2章

AutoCAD 2016 绘图基本命令

学习目标：

1. 掌握精确绘图的定位工具设置。

2. 掌握基本绘图命令的操作和应用。

3. 掌握编辑命令的操作和应用。

2.1 精确定位绘图

在绘图过程中，需要准确找到一些点的位置，如圆心、切点等特殊位置，因此 AutoCAD给出了精确定位工具。

2.1.1 精确定位工具

精确定位工具位于屏幕的底部，即我们前面提到的状态栏中的按钮，用于显示或设置当前的精确绘图状态。如图2-1所示为状态栏，单击某一按钮可实现启用和关闭对应功能的切换。在自定义状态点击右键，其目录见图2-2，根据需要可以进行开关控制。

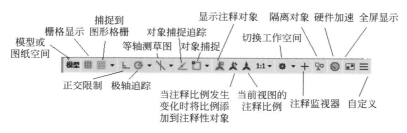

图2-1 状态栏

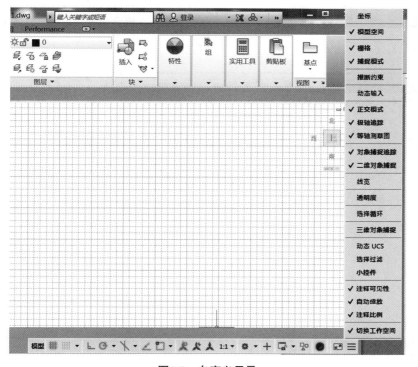

图2-2 自定义目录

2.1.2　栅格

　　栅格相当于手工制图中的坐标纸，它按照相等的间距在屏幕上设置栅格点。单击状态行上的"栅格"按钮⊞，开启栅格功能，此时绘图区的某个区域将显示栅格点。开启栅格功能后便可启用捕捉功能进行辅助绘图了。显示栅格、关闭栅格如图2-3、图2-4所示。

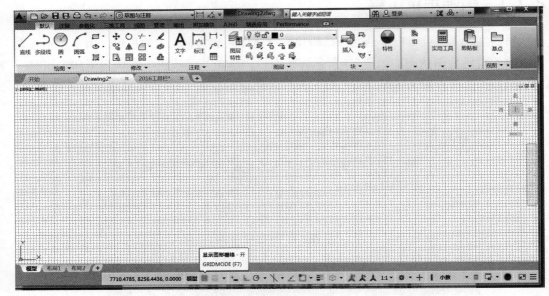

图2-3　显示栅格

图2-4　关闭栅格

2.1.3　栅格捕捉

单击状态行上的"捕捉"按钮▦，开启捕捉功能，此时移动鼠标时，光标将沿X轴或Y轴移动并自动定位到附近的栅格点上，如图2-5所示。

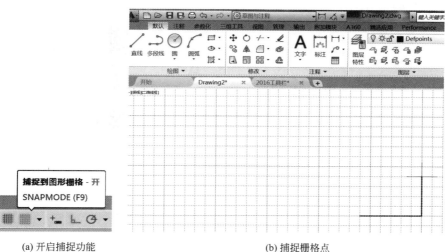

(a) 开启捕捉功能　　　　　　　　　　　　　　(b) 捕捉栅格点

图2-5　捕捉栅格

2.1.4　捕捉设置

右击"栅格"按钮▦旁边的倒三角，选择快捷菜单的"捕捉设置"项，弹出"草图设置"对话框。在该对话框中，栅格间距和捕捉间距可在"草图设置"对话框中的"捕捉和栅格"选项卡中设置，如图2-6所示。

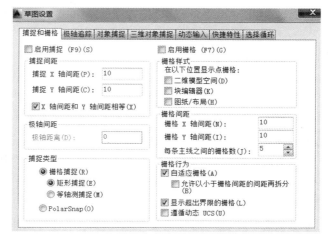

(a) 捕捉设置　　　　　　　　　　　　(b) "捕捉和栅格"选项卡

图2-6　捕捉设置与选项卡

2.1.5　正交

单击状态栏中的"正交"按钮，开启正交功能，如图2-7所示，此时鼠标只能在水平或垂直方向上拾取点，所以要绘制一定长度的直线时只需直接输入长度值，而不再需要输入完整的相对坐标值。

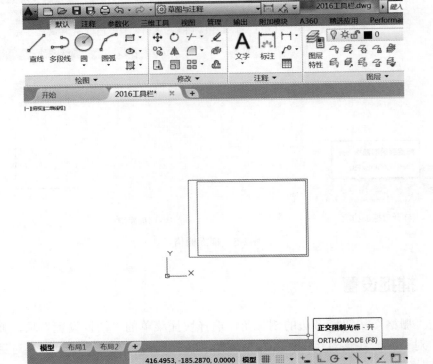

图2-7　开启正交功能

2.1.6　对象捕捉设置功能

在"草图设置"对话框中的"对象捕捉"选项卡中列出了AutoCAD提供的13种对象捕捉模式，如图2-8（a）所示。如果在功能前的复选框中打勾，绘图时即可捕捉到图形对象上相应的特征点并显示相应的标记。利用"对象捕捉"选项卡，或按住"Shift"键，同时右击鼠标，打开如图2-8（b）所示的"对象捕捉"快捷菜单，选择需要捕捉的模式。

各对象捕捉模式的详细功能如表2-1所示。

也可单击状态栏中的"对象捕捉"按钮，开启对象捕捉功能。利用该功能，在绘图过程中，可以快速、正确地确定一些特殊点，如端点、交点、圆心等。

下面以绘制图2-9中的切线为例说明利用对象捕捉功能绘图的过程。

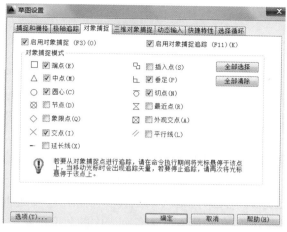

(a) "对象捕捉"选项卡

(b) "对象捕捉"快捷菜单

图2-8　"对象捕捉"选项卡和"对象捕捉"快捷菜单

表2-1　对象捕捉模式的详细功能

名称和图标	作　　用
端点	捕捉到对象的最近端点
中点	捕捉到对象的中点
圆心	捕捉到圆弧、圆、椭圆或椭圆弧的中心点
节点	捕捉到点对象
象限点	捕捉到圆弧、圆、椭圆或椭圆弧的象限点
交点	捕捉到两个对象的交点
延长线	捕捉到圆弧或直线的延长线
插入点	捕捉到文字、块或属性等对象的插入点
垂足	捕捉到垂直于对象的点
切点	捕捉到圆弧、圆、椭圆、椭圆弧或样条曲线的切点
最近点	捕捉对象上离标靶最近的点
外观交点	捕捉到两个对象的外观交点
平行	捕捉到指定直线的平行线

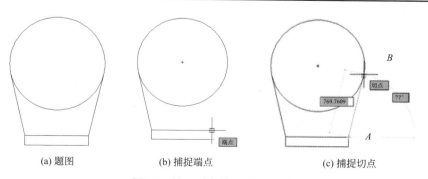

(a) 题图　　　　　　　(b) 捕捉端点　　　　　　(c) 捕捉切点

图2-9　使用对象捕捉功能绘图

2.1.7 极轴追踪功能

使用极轴追踪功能，可以使光标在指定的方向上移动，绘制具有一定角度的直线。

单击状态栏中的"极轴"按钮，开启极轴追踪功能，如图2-10所示。此时当光标靠近用户指定的极轴角度时，在光标一侧显示当前点距离前一点的距离、角度及极轴追踪的轨迹。

系统默认的极轴角度为90°，用户可以根据需要在图2-11所示的"极轴追踪"选项卡中设置极轴角度。设置方法：在"增量角"下拉列表框中输入极轴角度，设定后，所有增量角的整数倍角度都会被追踪到。此外，还可以选择"附加角"复选框，通过"新建"按钮来设定增量角追踪不到的极轴角，所有附加角列表中的角度都将被追踪。

图2-10 开启极轴追踪功能

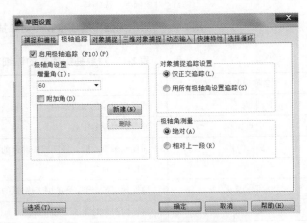

图2-11 "极轴追踪"选项卡

图2-12所示为设置"增量角"为60°后，利用极轴追踪功能绘制等边三角形的过程。

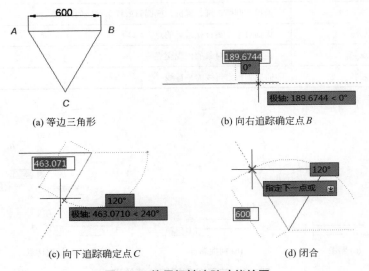

图2-12 使用极轴追踪功能绘图

2.1.8　对象捕捉追踪设置

点击✐可以进行对象捕捉追踪设置，此时显示捕捉参照线，如图2-13所示。

可以由两个对象捕捉点得到两个追踪方向的交点，如图2-14所示。该功能启用前必须先开启对象捕捉功能。

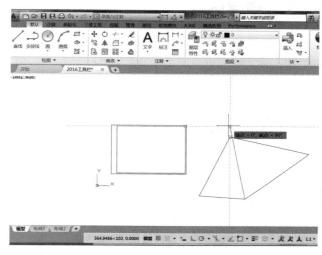

图2-14　两个追踪方向的交点

图2-13　显示捕捉参照线

对象追踪功能是指当捕捉到图形中某个特征点时，系统将自动以这个点为基准点沿正交或指定的追踪方向进行追踪，如图2-15所示。

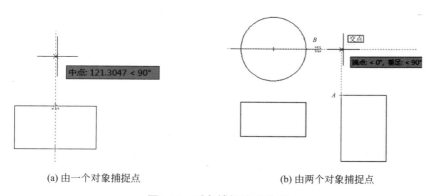

(a) 由一个对象捕捉点　　　　　　　(b) 由两个对象捕捉点

图2-15　对象捕捉追踪功能

绘图技巧

单击状态栏中的"对象追踪"按钮，开启对象追踪功能。使用对象追踪功能定点时，移动光标至对象捕捉点上，停留片刻，出现捕捉标记，朝追踪方向附近移动光标，待追踪方向上显示出一条追踪辅助线，并提示光标所在点与对象捕捉点之间的距离和极轴角度后，可直接拾取或输入某一数值定点，如图2-15（a）所示。

　　若需两个追踪方向的交点，可先捕捉A点，朝上追踪，显示追踪辅助线后，再捕捉B点，朝左追踪，两追踪辅助线出现交点时便可拾取定点，如图2-15（b）所示。

2.1.9　图层设置

　　图层、颜色、线型和线宽是AutoCAD绘图环境的重要组成部分。因此，应创建足够的图层，以便在相应图层上进行绘图。

　　在"草图与注释"工作空间默认状态下，点击图层面板，如图2-16所示。点击图层特性管理器，新建图层，在图层中点击线型出现图2-17所示对话框，加载所需线型弹出图2-18所示对话框，根据自己需求加载所需线型。每个图层线型可以选择一种颜色，如图2-19所示。建立后的图层如图2-20所示。

图2-16　图层面板

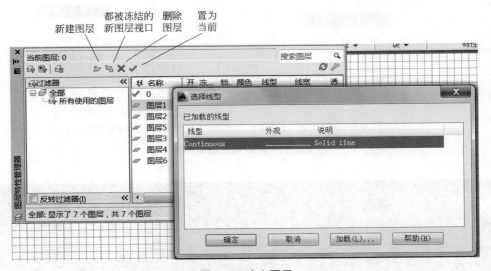

图2-17　建立图层

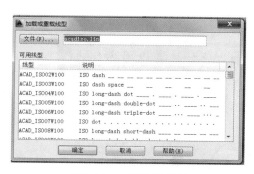

图2-18　加载所需线型

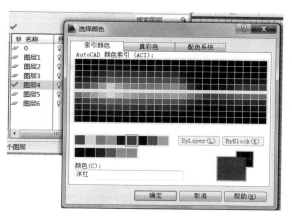

图2-19　图层颜色

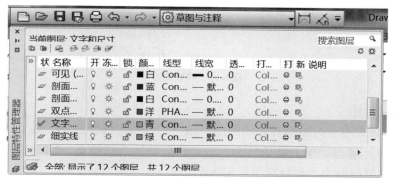

图2-20　图层

绘图技巧

图层状态包括"打开或关闭""冻结或解冻""锁定或解锁"。

① 打开或关闭：在图层列表中，打开图层，灯泡 图标为黄色，关闭图层，灯泡 图标为灰色。打开图层，表示该图层对象可以显示、编辑或被打印。关闭状态，表示不能被显示出来，不能进行编辑，也不能被打印。

② 冻结和解冻：这个开关是控制图形可见性和编辑性的。解冻状态 ，图形不被约束，可以选中和编辑；冻结状态 ，图形不可见，不可以被选中和编辑。

③ 锁定或解锁：这个开关是控制图形编辑性的。锁定状态 ：图形是可见的，也可以被选中，但是不能进行编辑。解锁状态 ：图形不被约束，可以自由选中和编辑。

2.1.10　修改对象特性

在AutoCAD中，绘制的每个对象都具有自己的特性，有些特性是基本特性，适用于多数对象，例如图层、颜色、线型等；有些特性是专用于某个对象的特性，例如圆的特性包括半径和面积等。改变对象特性值，实际上就改变了相应的图形对象。AutoCAD提供了多种改变对象特性的方法，如图2-21所示。

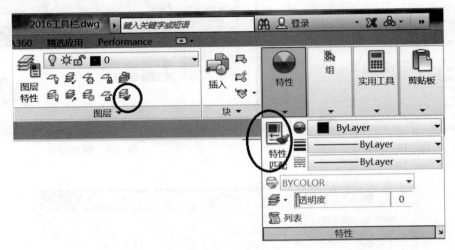

图2-21　特性命令

（1）图层特性

"特性"命令用于对图形对象的图层、颜色、线型、线宽比例、线宽等基本特性及其几何特性进行修改。单击默认状态下的"图层特性"按钮，启动该命令，可以将选定对象的图层更改为"与目标图层相匹配"。

右击"图层特性"按钮，打开"显示面板"选项板，选择"特性"（图2-22）后，将弹出匹配特性面板。

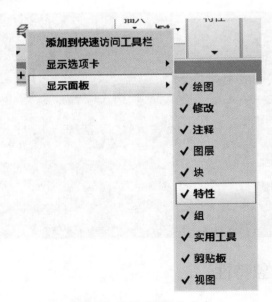

图2-22　选择"特性"命令

（2）特性匹配

"特性匹配"命令用于将源对象的图层、颜色、线型、线型比例等特性复制到一个或者多个目标对象。单击"特性匹配"按钮，启动该命令。

启动该命令后，用户可以选择一个图形对象作为源对象，这时光标会变成的形状，然后选择一个或多个目标对象，源对象的特性将被复制到目标对象上，如图2-23所示。

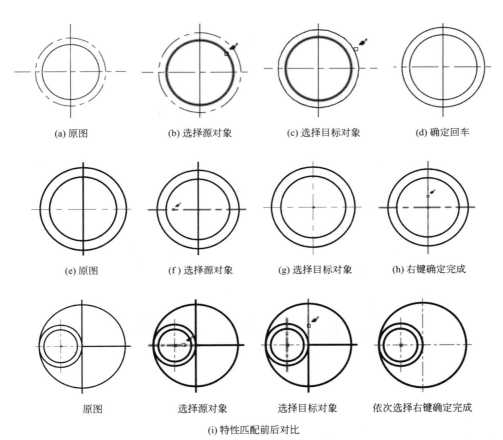

(a) 原图	(b) 选择源对象	(c) 选择目标对象	(d) 确定回车
(e) 原图	(f) 选择源对象	(g) 选择目标对象	(h) 右键确定完成
原图	选择源对象	选择目标对象	依次选择右键确定完成

(i) 特性匹配前后对比

图2-23　特性匹配

用户还可以在命令执行过程中，选择"设置（S）"选项，弹出如图2-24所示的"特性设置"对话框，在该对话框中用户可以选择想要复制的源对象的特性。凡关闭的特性，其特性将不会被复制。

（3）快捷特性

单击状态栏中的"快捷特性"按钮（图2-25），可以控制快捷特性的打开和关闭，当用户选择对象时，即可显示快捷特性面板，从而方便修改对象的属性。

点击选择对象后，列出了所选对象的基本特性和几何特性的设置，用户可以根据需要进行相应的修改，如图2-26所示。

图2-24   "特性设置"对话框

图2-25   "快捷特性"按钮

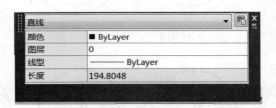

图2-26   "特性设置"对话框

2.2 AutoCAD 坐标与输入法

用户在绘图过程中，常需要设立坐标系作为参照，AutoCAD提供的3种坐标设置法，便于用户准确地设计并绘制图形。

2.2.1 基本坐标系

（1）世界坐标系（WCS）

世界坐标系是AutoCAD默认的坐标系，如图2-27所示。该坐标系沿 X 轴正方向向右为水平距离增加的方向，沿 Y 轴正方向向上为垂直距离增加的方向，垂直 XY 平面，沿 Z 轴方向从所视方向向外为 Z 轴距离增加的方向，该坐标系不可更改。

（2）用户坐标系（UCS）

图2-28所示为用户坐标系，是相对于世界坐标系而言的。该坐标系可以创建无限多的坐标系，并且可以沿着指定位置移动或旋转。

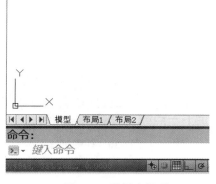

图2-27　世界坐标系

图2-28　用户坐标系

2.2.2　坐标的输入法

（1）坐标的表示方法

用AutoCAD绘图时，经常需要指定点的位置。利用鼠标单击定点虽然方便快捷，但不能用来精确定位。当要精确定位一个点时，仍然需要采用坐标输入方式。

点的坐标可以用直角坐标、极坐标表示，每一种坐标又分别具有两种坐标输入方式：绝对坐标和相对坐标。

① 直角坐标：直接输入点的 X、Y、Z 坐标值，坐标值之间用"，"分开。

② 极坐标：用长度和角度的组合表示点的坐标，其中长度指该点与坐标原点的距离，角度指该点与坐标原点连线与 X 轴正向的夹角，逆时针为正，顺时针为负，角度数值前加"<"。

（2）直角坐标法

① 绝对坐标：坐标值以原点作为基准。

② 相对坐标：坐标值是以上一个输入点作为基准，输入相对于一点坐标 (x, y, z) 增量为 $(x+, y+, z+)$ 的坐标时，格式为 $(\Delta x, \Delta y, \Delta z)$。$\Delta$ 是指相对于上一个点的偏移量。输入方法：@$\Delta x, \Delta y, \Delta z$。

③ 相对坐标：在正交模式下，直接输入增量值法。

下面举例说明。

例 1

绘制如图2-29所示的 *ABCD* 图形。

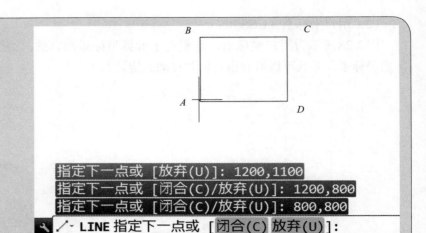

图2-29 图形   **图2-30 作图过程**

方法一：绝对坐标输入法。

在绝对坐标下，输入方法如下：

① 选择 ✐ 命令，输入"800,800"，确定 A 点。

② 选择 ✐ 命令，输入"800,1100"，确定 B 点。

③ 选择 ✐ 命令，输入"1200,1100"，确定 C 点。

④ 选择 ✐ 命令，输入"1200,800"，确定 D 点。

⑤ 选择 ✐ 命令，输入"800,800"，回到 A 点，闭合。

作图过程如图2-30所示。

方法二：利用相对坐标法，绘制如图2-29所示的 ABCD 图形。

在命令行输入方法如下：

① 选择 ✐ 命令，输入"800,800"，确定起点 A 点。

② 选择 ✐ 命令，输入"@0,300"，确定 B 点。

③ 选择 ✐ 命令，输入"@400,0"，确定 C 点。

④ 选择 ✐ 命令，输入"@0,-300"，确定 D 点。

⑤ 选择 ✐ 命令，输入"@-400,0"，回到 A 点，闭合。

作图过程如图2-31所示。

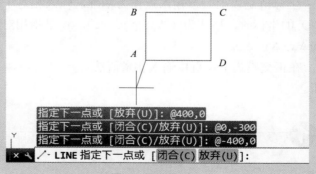

图2-31 作图过程

方法三：在正交模式下，直接输入增量值法。

在正交模式下，鼠标处在0°或90°状态下，直接输入 Δx 值或者 Δy 增量值，同样绘制 $ABCD$ 图形，见图2-32。

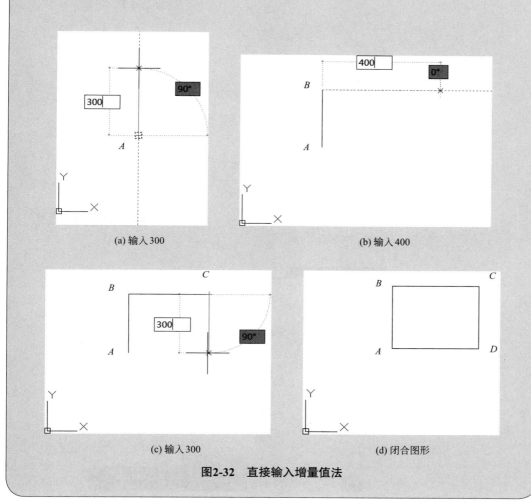

图2-32　直接输入增量值法

（3）相对极坐标法

相对极坐标：正交模式关闭状态下，开启极坐标状态，以上一个点为参考极点，通过输入极距增量和角度定义下一个点的位置，其输入格式为"@距离<角度"。

下面以图2-33所示的三角形 ABC 图形为例说明。

绘制图2-33所示的三角形 ABC 图形，如图2-34所示。

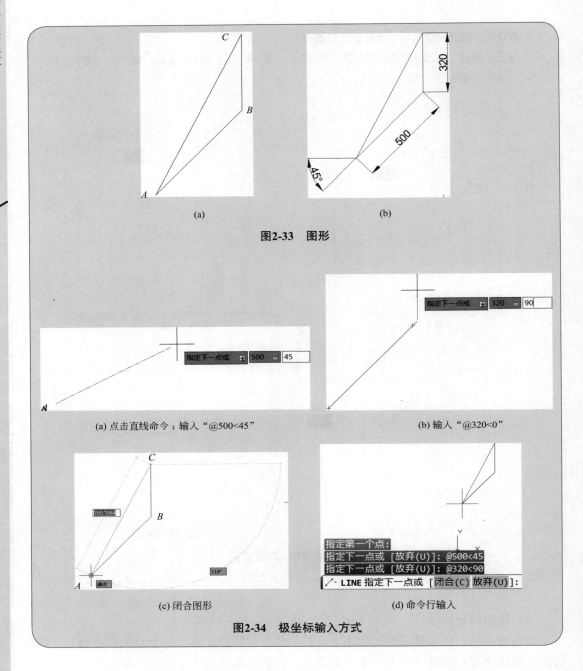

图2-33　图形

(a)

(b)

(a) 点击直线命令：输入"@500<45"

(b) 输入"@320<0"

(c) 闭合图形

(d) 命令行输入

图2-34　极坐标输入方式

2.3　常用基本绘图命令

　　在"草图与注释"工作空间，基本绘图命令如图2-35所示。在"AutoCAD经典"工作空间下，基本绘图命令是指"绘图"工具栏上的命令，如图2-36所示。这里主要介绍几个最常用的命令及其常用选项。

图2-35　"草图与注释"工作空间下的绘图图标

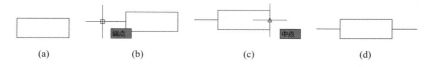

图2-36　"AutoCAD经典"工作空间下的工具栏

2.3.1　绘制直线

"直线"命令用于绘制一系列连续的直线段、折线段或闭合多边形。单击"绘图"工具栏上的"直线"按钮 ⁄ ，启动该命令，命令行提示中各选项的含义如下。

①"闭合（C）"：在当前点和起点间绘制直线段，使线段闭合，结束命令。

②"放弃（U）"：放弃前一段的绘制，重新确定点的位置，继续绘制直线。

电阻的绘制过程如图2-37所示。

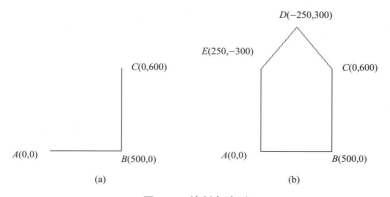

图2-37　电阻的绘制过程

绘制多边形图形的操作过程如图2-38所示。

2.3.2 绘制圆

（1）象棋的绘制

选择"圆"命令，画圆，如图2-39（a）所示。捕捉圆心，画同心圆，如图2-39（b）所示。选择字体输入文字"帅"，如图2-39（c）所示。

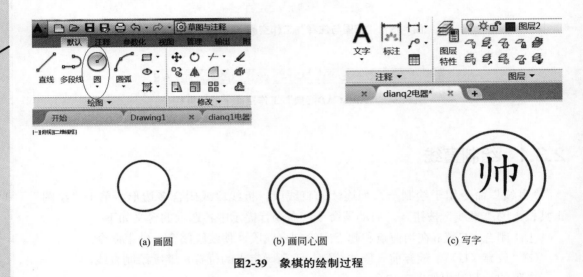

(a) 画圆   (b) 画同心圆   (c) 写字

图2-39 象棋的绘制过程

（2）相切圆的绘制

单击"绘图"工具栏上的"圆"按钮，启动该命令，命令行提示中各选项的含义如下：

① "圆心、半径（R）"：给定圆心和半径绘制圆。

② "圆心、直径（D）"：给定圆心和直径绘制圆。

③ "两点（2P）"：给定直径的两端点绘制圆。

④ "三点（3P）"：给定圆上的三点绘制圆。

⑤ "相切、相切、半径（T）"：给定与圆相切的两个对象和圆的半径绘制圆。

下面以绘制图2-40中的圆为例说明"圆"命令的操作过程。

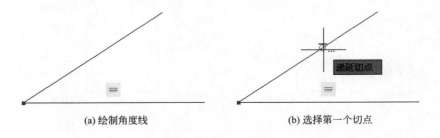

(a) 绘制角度线   (b) 选择第一个切点

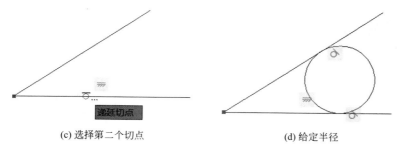

(c) 选择第二个切点　　　　　　　　(d) 给定半径

图2-40　作图过程

2.3.3　绘制圆弧

单击"绘图"工具栏上的"圆弧"按钮![icon]，启动"圆弧"命令。AutoCAD可以以11种不同的方式绘制圆弧，如图2-41所示命令。

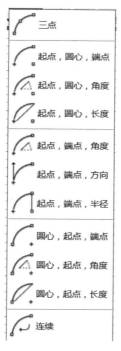

图2-41　"圆弧"命令

常用的有：

① "三点"：给出起点、第二点和端点绘制圆弧。

② "起点，圆心，端点"：给出起点、圆心及端点，按逆时针方向绘制圆弧。

③ "起点，端点，半径"：给定起点、端点和半径绘制圆弧。其中，半径为正值按逆时针方向绘制圆弧，反之按顺时针方向绘制圆弧。

"起点，圆心，端点"模式绘制圆弧，如图2-42所示。

图2-42   "起点、圆心、端点"模式绘制圆弧

操作步骤如下。

AutoCAD 2016经典命令行：

命令：输入命令

指定圆弧的起点或[圆心(C)]：指定圆弧起点1

指定圆弧的第二个点或[圆心(C)/端点(E)]：输入"C"

指定圆弧的圆心：指定2点

指定圆弧的端点或[角度(A)/弦长(L)]：指定圆弧端点3

在A、B、C三点绘制圆弧，见图2-43。

① 选择三点画圆弧命令，选择A、B点，如图2-44（a）所示。

② 选择第3点，如图2-44（b）所示。

③ 完成作图，如图2-44（c）所示。

图2-43   三点

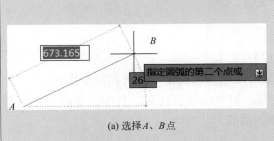

(a) 选择A、B点

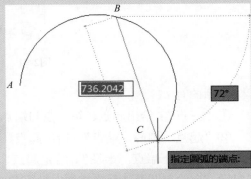

(b) 选择C点

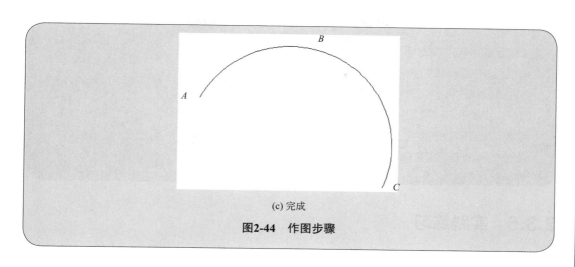

(c) 完成

图2-44 作图步骤

2.3.4 创建矩形

单击"绘图"工具栏上的"矩形"按钮 ▢· 创建矩形。

命令行：_rectang

指定第一个角点或 [倒角(C)/标高(E)/圆角(f)/厚度(T)/宽度(W)]：

① 指定矩形的第一个角点，如图2-45（a）所示。

② 使用指定的点作为对角点创建矩形。指定第二个点，如图2-45（b）所示。回车完成图形，如图2-45（c）所示。

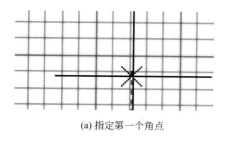

(a) 指定第一个角点

(b) 指定第二个点

(c) 完成矩形

图2-45 矩形作图步骤

 **绘图点拨**

当前设置：旋转角度 = 0

指定第一个角点或 [倒角(C)/标高(E)/圆角(f)/厚度(T)/宽度(W)]：

第一个角点：指定矩形的一个角点。

另一个角点：使用指定的点作为对角点创建矩形。

面积：使用面积与长度或宽度创建矩形。如果"倒角"或"圆角"选项被激活，则区域将包括倒角或圆角在矩形角点上产生的效果。

标注：使用长和宽创建矩形。

旋转：按指定的旋转角度创建矩形。

倒角：设定矩形的倒角距离。

标高：指定矩形的标高。

圆角：指定矩形的圆角半径。

厚度：指定矩形的厚度。

宽度：为要绘制的矩形指定多段线的宽度。

2.3.5 实践练习

用圆弧绘制图2-46所示的相贯线。

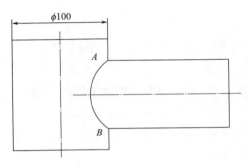

图2-46 相贯线

绘图分两步：第一步是画圆柱相贯（不画相贯线），如图2-47所示；第二步是画相贯线，如图2-48所示。

（1）步骤一（图2-47）

说明：建立图层，在粗实线层绘制外形轮廓。在绘制完对称轴线后，利用图层特性，将对称轴线线型改变成点画线。

AutoCAD 2016经典命令行：

```
RECTANG命令：
RECTANG指定第一个角点
RECTANG指点另一个角点或[面积(A)尺寸(D)旋转(R)]：D
指定矩形的长度：100 ↵
指定矩形的宽度：160 ↵
选择直线命令 ╱ 画对称轴线
选择直线命令 ╱ 画对画直线
选择镜像命令 ⚑ 画图
选择剪切命令 ⊬
```

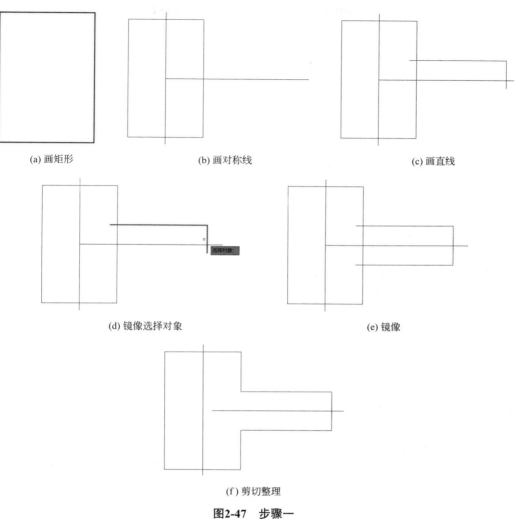

(a) 画矩形　　　　　　　　　　(b) 画对称线　　　　　　　　　　(c) 画直线

(d) 镜像选择对象　　　　　　　　　　　　　　(e) 镜像

(f) 剪切整理

图2-47　步骤一

（2）步骤二（图2-48）

修改对称轴线线型为点画线型。

以A为起点，B为终点，半径R=50画圆弧，即为相贯线。

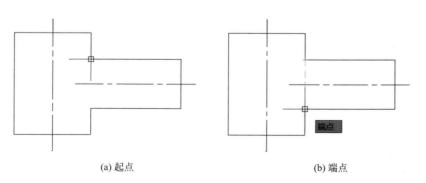

(a) 起点　　　　　　　　　　　　　　(b) 端点

图2-48

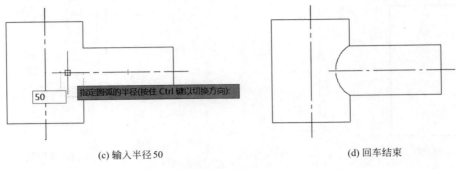

(c) 输入半径 50　　　　　　　　　　　　(d) 回车结束

图2-48　步骤二

2.3.6　绘制正多边形

单击"绘图"工具栏上的"正多边形"按钮，启动该命令，命令行提示中各选项的含义如下。

① "边(E)"：通过指定第一条边的端点来定义正多边形。

② "内接于圆(I)"：指定外接圆的半径，正多边形的所有顶点都在此圆周上。

③ "外切于圆(C)"：指定从正多边形中心点到各边中点的距离。

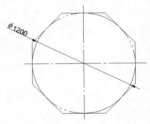

图2-49　正多边形

图2-50是使用"正多边形"命令绘制图2-49中的外切正八边形的操作过程。

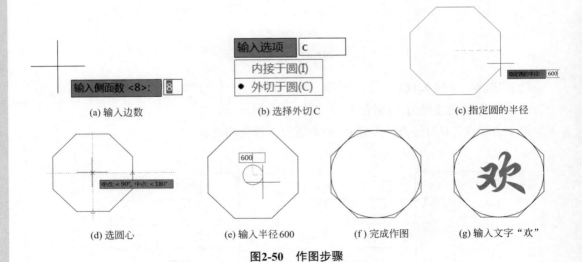

(a) 输入边数　　　　(b) 选择外切C　　　　(c) 指定圆的半径

(d) 选圆心　　　　(e) 输入半径600　　　　(f) 完成作图　　　　(g) 输入文字"欢"

图2-50　作图步骤

2.3.7　图案填充

单击图案填充功能进行图案填充，如图2-51所示。

可使用填充图案、实体填充或渐变填充来填充封闭区域或选定对象。

绘制图2-52所示的图形。

图2-51　填充面板　　　　图2-52　填充　　　　图2-53　绘图

绘图步骤如下：

① 绘制图形，如图2-53所示。

② 点击图案填充，弹出图2-54所示功能面板。

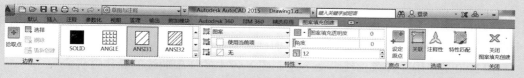

图2-54　填充功能面板

③ 点击"图案"右边的倒三角，弹出图2-55所示的对话框，选择自己需要的填充图案。

④ 填充图案比例，可以根据疏密程度调整。方向根据角度来调整，如图2-56所示。

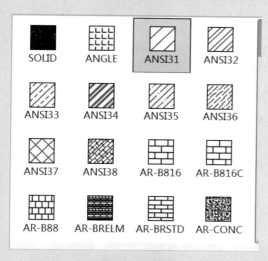

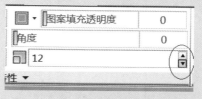

图2-55　图案　　　　　　　　　　　　图2-56　调整方向

⑤ 拾取内部点，如图2-57所示。

⑥ 选择角度90°进行填充，效果见图2-58。

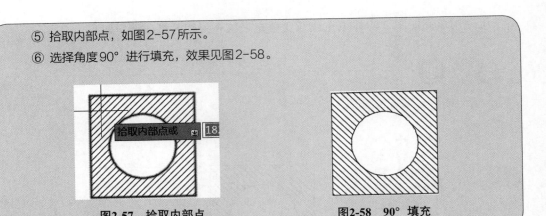

图2-57 拾取内部点　　　　　　　　图2-58 90°填充

绘图点拨

填充区域要求是封闭区域。

2.3.8 绘制样条曲线

单击"绘图"工具栏上的"样条曲线"按钮，启动该命令，按照提示输入若干个点，AutoCAD即可拟合出通过这些点的样条曲线。

图2-60是使用"样条曲线"命令绘制图2-59中的样条曲线的操作过程。

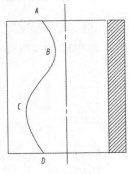

图2-59 样条曲线

(a) 选择第一点

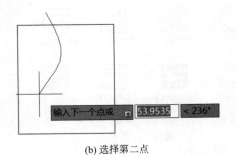

(b) 选择第二点

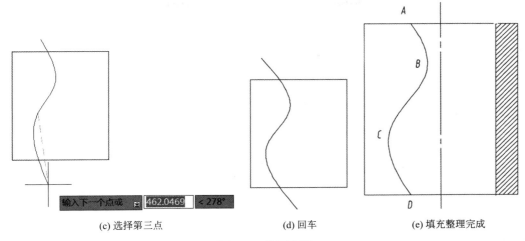

(c) 选择第三点   (d) 回车   (e) 填充整理完成

图2-60 作图步骤

2.3.9 椭圆

椭圆有三种作图方法。

① 用指定的中心点创建椭圆弧。

② 椭圆上的前两个点确定第一条轴的位置和长度。第三个点确定椭圆的圆心与第二条轴的端点之间的距离。

③ 创建一段椭圆弧。

第一条轴的角度确定了椭圆弧的角度。第一条轴可以根据其大小定义长轴或短轴。椭圆弧上的前两个点确定第一条轴的位置和长度。第三个点确定椭圆弧的圆心与第二条轴的端点之间的距离。第四个点和第五个点确定起点和端点角度。

下面说明第一种作图方法。

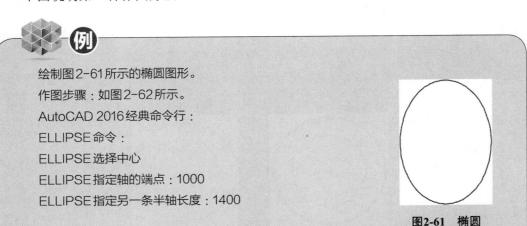

绘制图2-61所示的椭圆图形。

作图步骤：如图2-62所示。

AutoCAD 2016经典命令行：

ELLIPSE命令：

ELLIPSE选择中心

ELLIPSE指定轴的端点：1000

ELLIPSE指定另一条半轴长度：1400

图2-61 椭圆

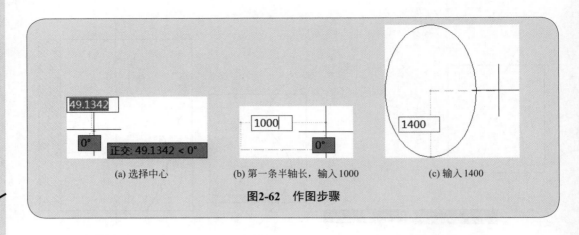

(a) 选择中心　　　　(b) 第一条半轴长，输入1000　　　　(c) 输入1400

图2-62　作图步骤

2.3.10　定数等分

定数等分的图标见图2-63。

图2-63　图标

功能：可以在对象上以相等间隔创建点或插入符号（块）。

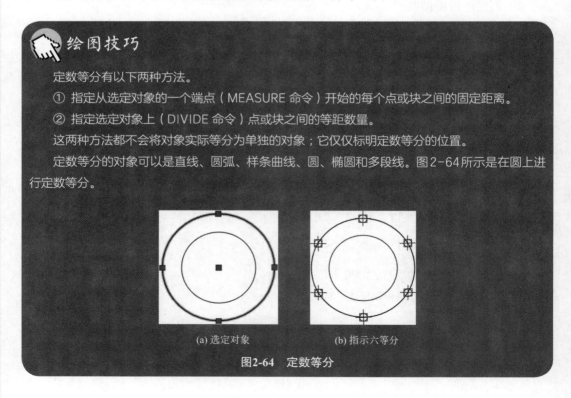

绘图技巧

定数等分有以下两种方法。

① 指定从选定对象的一个端点（MEASURE 命令）开始的每个点或块之间的固定距离。

② 指定选定对象上（DIVIDE 命令）点或块之间的等距数量。

这两种方法都不会将对象实际等分为单独的对象；它仅仅标明定数等分的位置。

定数等分的对象可以是直线、圆弧、样条曲线、圆、椭圆和多段线。图2-64所示是在圆上进行定数等分。

(a) 选定对象　　　　　　　　(b) 指示六等分

图2-64　定数等分

命令行输入：DDPTYPE

出现点样式图框，如图2-65（a）所示。

选择定数等分，输入5，点击三角形的直角边，如图2-65（b）、（c）所示。连接等分点，如图2-65（d）所示。

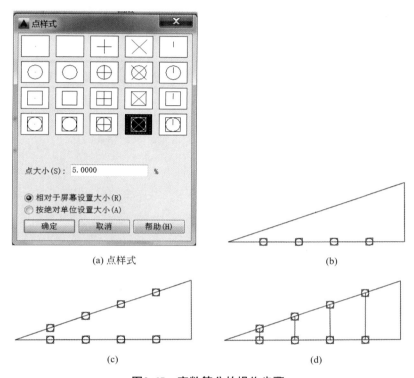

(a) 点样式　　　　　　　　　　　　　　　(b)

(c)　　　　　　　　　　　　　　　(d)

图2-65　定数等分的操作步骤

2.4　综合实践

2.4.1　并励绕组

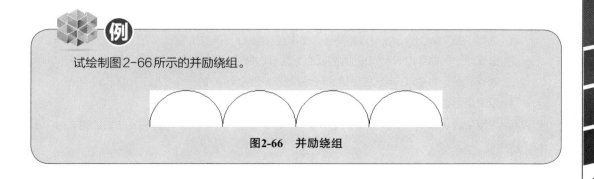

试绘制图2-66所示的并励绕组。

图2-66　并励绕组

操作步骤（图2-67）：

① 选择"起点，圆心，角度"模式。

② 指定圆弧的圆心(C)：指定圆弧圆心1。

③ 指定圆弧的第一个起点：输入"右端距离200"。

④ 指定圆弧的角度(A)：输入"180"。

⑤ 选择矩形阵列：行1，列4，列偏移量选择中心距离200。

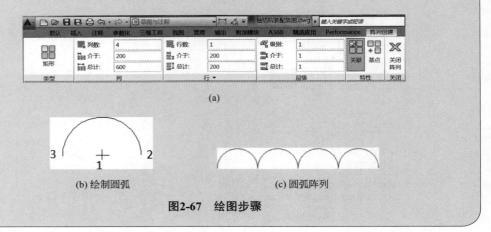

(a)

(b) 绘制圆弧　　　　　　　　　　(c) 圆弧阵列

图2-67　绘图步骤

2.4.2　圆弧模板

绘制图2-68所示的圆弧模板。

图2-68　圆弧模板

绘制步骤：

① 选择"圆"命令⊙，在一定距离处，做半径$R=100$、$R=50$的圆，如图2-69（a）所示。

② 选择"圆"命令以$R=100$的圆的圆心为圆心，做$R=210$的圆，如图2-69（b）所示。

③ 选择"圆"命令以$R=50$的圆的圆心为圆心，做$R=160$的圆，如图2-69（c）所示。

④ 以交点为圆心，以半径$R=110$画圆，如图2-69（d）所示。

⑤ 采用工具 ⁄ 修剪，如图2-69（e）所示。绘制直线，平行于中心连线，修剪如图2-69（f）所示。

⑥ 整理完成，如图2-69（g）所示。

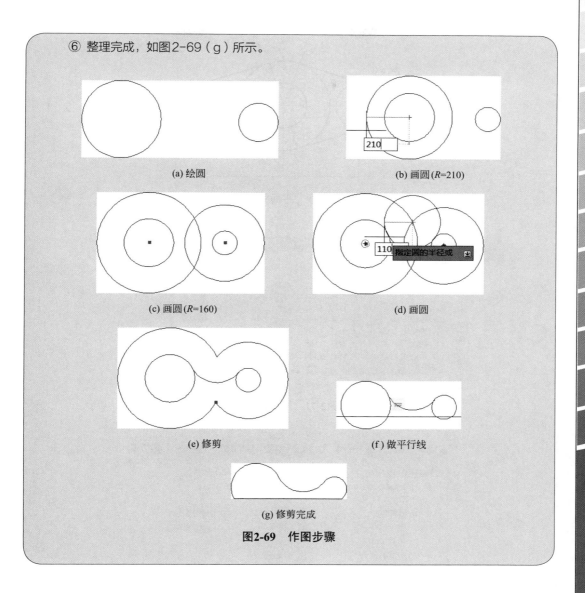

(a) 绘圆   (b) 画圆（R=210）

(c) 画圆（R=160）   (d) 画圆

(e) 修剪   (f) 做平行线

(g) 修剪完成

图2-69   作图步骤

2.4.3   平面图形

绘制如图2-70所示的平面图形。

（1）创建图层

建立五个图层，即粗实线层、细实线层、文字注释层、细点画线层、细虚线层，如图2-71所示。

单击状态栏中的"对象捕捉"按钮，开启对象捕捉功能，点选端点、交点、圆心、切点等。这样在绘图过程中可以快速、正确地捕捉到这些点的位置，如图2-72所示。

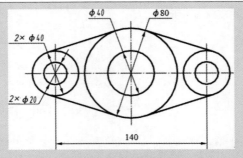

图2-70　平面图形

图2-71　图层设置

图2-72　设置对象捕捉

（2）绘制中心线

将细点画线层设置为当前层。

单击"直线"按钮，用鼠标在绘图区拾取一点作为起点，鼠标向右移开，利用极轴追踪指示水平向右的方向，然后给出直线长度190，点击鼠标确定，第一条点画线绘制完成。然后绘制垂直中心线，相距140，如图2-73所示。

图2-73 画中心线

（3）绘制圆

以图2-73所示的中心线的交点为圆心，半径分别为20、40、80，绘制出其余6个圆，结果如图2-74所示。

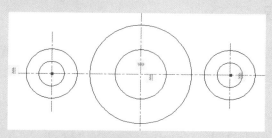

图2-74 绘制圆

（4）绘制公切线

单击"直线"按钮 ✏，按下"Shift"键，右击鼠标，在弹出的"对象捕捉"快捷菜单中选择切点，然后用鼠标在绘图区拾取小圆的切点，利用"对象捕捉"快捷菜单，在绘图区拾取大圆的切点，如图2-75所示，按右键结束命令，第一条切线绘制完成。同理绘制出其余3条切线，如图2-76所示。点击右键，隐藏约束，完成图形绘制，如图2-77所示。

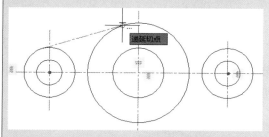

图2-75 绘制切线

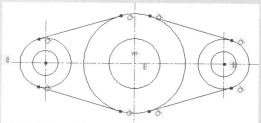

图2-76 绘制切线

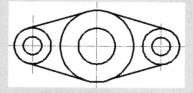

图2-77 隐藏约束

2.5 图形的选择方式

图形的编辑是指对已有的图形对象进行修剪、移动、旋转等操作。

使用计算机辅助绘图时，进行任何一项编辑操作，都需要先指定具体的对象，即构造选择集。在选择过程中，被选中的对象将醒目显示（即改用虚线显示），表示已加入选择集。在AutoCAD 2016中，常用的选择方式有直接选取、窗口选择、交叉窗口选择。

2.5.1 直接选取

直接选取方式：直接用鼠标单击选择对象，选取到的对象将醒目显示，并被加入选择集，如图2-78所示。

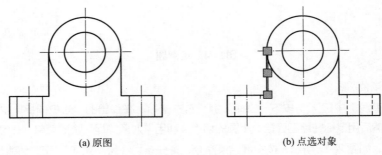

(a) 原图　　　　　　　　　　　　　　(b) 点选对象

图2-78　直接选取方式

2.5.2 窗口选择

窗口选择方式：在绘图窗口按下鼠标左键，向右方拖动出矩形窗口，则位于窗口内的所有图形对象均被加入选择集，如图2-79所示。

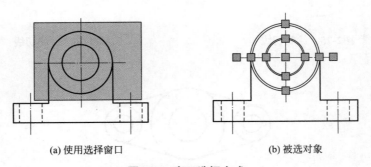

(a) 使用选择窗口　　　　　　　　　　　(b) 被选对象

图2-79　窗口选择方式

2.5.3　交叉窗口选择

交叉窗口选择方式：在绘图窗口按下鼠标左键，向左方拖动出矩形窗口，则位于窗口内及与该窗口边界相交的所有图形对象将被加入选择集，如图2-80所示。

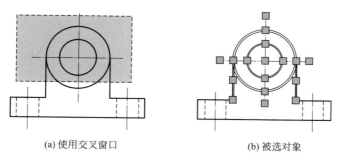

(a) 使用交叉窗口　　　　　　(b) 被选对象

图2-80　交叉窗口选择方式

2.6　AutoCAD 2016 基本编辑命令

基本编辑工具面板如图2-81所示，命令是指面板"修改"工具栏上的命令，本节只介绍最常用的编辑命令。

图2-81　基本编辑工具面板

2.6.1　删除对象

"删除"命令用于删除指定对象。单击"修改"面板中的"删除"按钮，启动该命令，选择需要删除的对象，再按"Enter"键，即可删除所有选择的对象。另外，按"Delete"键也可删除选择的对象。删除工具的应用如图2-82所示。

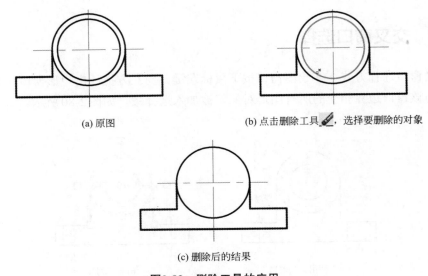

(a) 原图

(b) 点击删除工具 ✐，选择要删除的对象

(c) 删除后的结果

图2-82 删除工具的应用

2.6.2 移动对象

"移动"命令用于将对象从当前位置平移到新位置。单击"修改"面板中的"移动"按钮✛，启动该命令。图2-83是使用"移动"命令后的效果图。

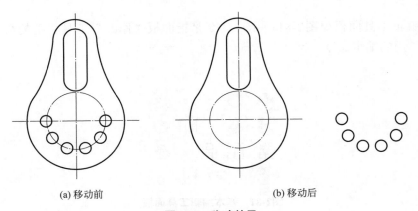

(a) 移动前

(b) 移动后

图2-83 移动效果

AutoCAD 2016经典命令行：

命令: _move	单击"移动"图标✛，启动命令
选择对象: 选择圆: 找到 6 个	选择圆
选择对象: ↵	按【Enter】键，结束选择
指定基点或 [位移(D)] <位移>:	拾取圆心作为基点
指定第二个点或 <使用第一个点作为位移>:	拾取中心线的交点，点击左键，操作完成

2.6.3　复制图形

　　"复制"命令用于将选定对象复制到指定位置，可作多重复制。单击"修改"面板中的"复制"按钮 ，启动该命令。以复制圆为例，"复制"命令的操作过程如图2-84所示。

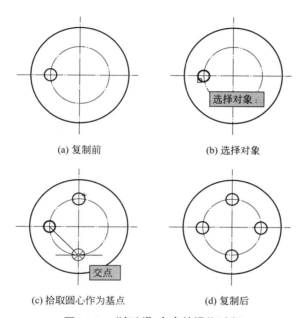

（a）复制前　　　　　　　　　（b）选择对象

（c）拾取圆心作为基点　　　　　（d）复制后

图2-84　"复制"命令的操作过程

2.6.4　旋转对象

　　"旋转"命令用于将对象绕指定基点进行旋转，从而改变其方向（位置）。单击"修改"面板中的"旋转"按钮 ，启动该命令。以逆时针旋转正六边形90°为例，使用"旋转"命令后的效果图如图2-85所示。

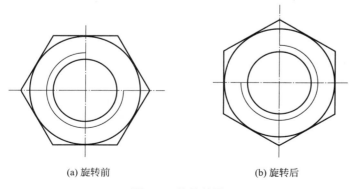

（a）旋转前　　　　　　　　　（b）旋转后

图2-85　旋转效果

2.6.5　对象的偏移

使用"偏移"命令可以将已有对象进行平行（如线段）或同心（如圆）复制，如果偏移的对象是直线，偏移后的直线为平行等长的线段，如图2-86（a）所示；如果偏移的对象是多段弧与直线的组合图形，则偏移后的对象将被放大或缩小，如图2-86（b）所示。

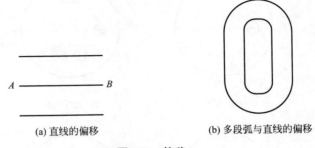

(a) 直线的偏移　　　　　　　　　　　　　　　(b) 多段弧与直线的偏移

图2-86　偏移

单击"修改"工具栏中的"偏移"按钮凸，启动该命令。"偏移"命令的操作过程如图2-87所示。

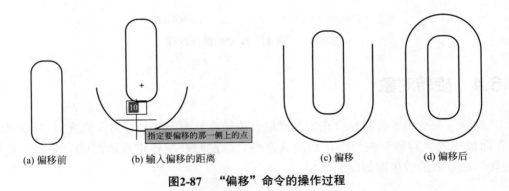

(a) 偏移前　　　(b) 输入偏移的距离　　　　　(c) 偏移　　　　(d) 偏移后

图2-87　"偏移"命令的操作过程

2.6.6　镜像对象

"镜像"命令用于以轴对称方式对指定对象作镜像，该轴称为镜像线。镜像时可删除原图形，也可以保留原图形（镜像复制）。单击"修改"工具栏上的"镜像"图标▲，启动镜像命令。

图2-88为"镜像"命令的操作过程。

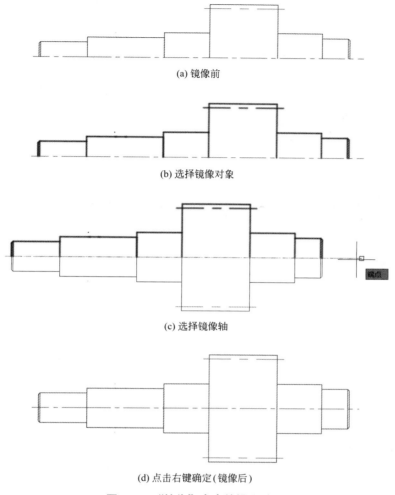

(a) 镜像前

(b) 选择镜像对象

(c) 选择镜像轴

(d) 点击右键确定(镜像后)

图2-88 "镜像"命令的操作过程

2.6.7 阵列对象

"阵列"命令用于对选定对象进行矩形或环形阵列式复制。

单击"修改"工具栏上的"阵列"按钮██，启动阵列命令，弹出"阵列"对话框。该对话框包括两种阵列方式，即矩形阵列和环形阵列，系统默认为矩形阵列。

① 环形阵列：选择"环形阵列"单选按钮，弹出"阵列"对话框。环形阵列可以通过设置阵列中心、阵列数目、角度、复制时是否旋转项目来控制复制的效果。

下面以图2-89（a）所示的阵列为例说明其操作过程：在"阵列"对话框中，选择"环形阵列"单选按钮，如图2-89（b）所示；单击"选择对象"按钮，切换到绘图窗口，选择圆；单击"中心点"按钮，选择阵列中心；在"阵列"对话框中分别设置阵列方法、数目、角度，选择"复制时旋转项目"复选框，如图2-89所示；单击"确定"按钮，完成环形阵列。

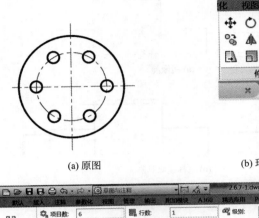

(a) 原图

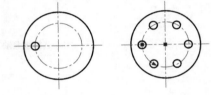

(b) 环形阵列图标

(c) "阵列" 对话框

图2-89 环形阵列

② 矩形阵列：矩形阵列可以通过设置行、列的数目以及行、列偏移量控制复制的效果。其中，行、列的数目可以直接输入；行、列的偏移量既可以直接输入，也可以通过拾取按钮进行鼠标拾取。如果行偏移为负值，则行添在下面；如果列偏移为负值，则列添在左边。

下面以图2-90（a）所示的阵列为例，说明其操作过程。

在"阵列"对话框中，选择"矩形阵列"单选按钮。单击"选择对象"按钮，切换到绘图窗口，选择圆、六边形和两条中心线。在"阵列"对话框中分别设置行数、列数、行偏移和列偏移值，如图2-90（b）所示。单击"确定"按钮，完成矩形阵列。

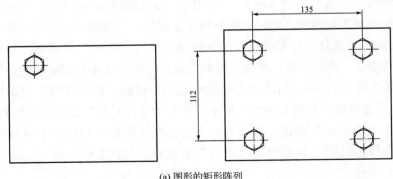

(a) 图形的矩形阵列

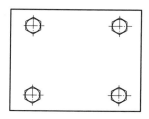

(b) "阵列" 对话框

图2-90 矩形阵列

2.6.8 缩放对象

　　"缩放"命令用于将选定对象按指定基点进行缩放。单击"修改"面板中的"缩放"按钮 ，启动该命令。图2-91为使用"缩放"命令后的效果图。

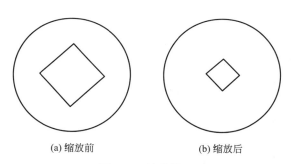

(a) 缩放前 　　　　　　　　(b) 缩放后

图2-91 缩放效果

AutoCAD 2016经典命令行：

命令: _scale	单击"缩放"按钮
选择对象: 指定对角点: 找到 1 个	选择四方形
选择对象: ↵	按"Enter"键, 结束选择
指定基点:	拾取圆心
指定比例因子或 [复制(C)/参照(R)] <1.000>: 0.5↵	输入比例因子, 按"Enter"键, 结束命令

2.6.9 修剪对象

　　"修剪"命令用于将指定对象上不需要的部分修剪掉。在指定修剪边后，可以连续选择被修剪对象进行修剪。单击“修改”面板中的“修剪”按钮，启动该命令。

图2-92为“修剪”命令的操作过程。

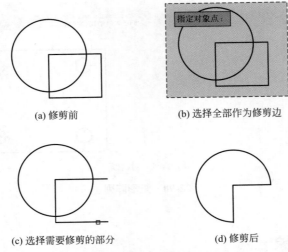

(a) 修剪前　(b) 选择全部作为修剪边

(c) 选择需要修剪的部分　(d) 修剪后

图2-92　“修剪”命令的操作过程

2.6.10　延伸图形

“延伸”命令用于将选定对象延伸到指定边界。在指定边界后，可以连续选择对象进行延伸。单击“修改”面板中的“延伸”按钮，启动该命令。

图2-93为使用“延伸”命令后的效果图。

(a) 延伸前　(b) 延伸后

图2-93　延伸效果

2.6.11　对象的圆角和倒角

（1）圆角

“圆角”命令用于在直线、圆弧或者圆之间以指定半径作圆角。单击“修改”面板中的“圆角”按钮，启动该命令。

首先输入修剪模式或不修剪模式：

FILLET输入修剪模式选项【修剪（T）不修剪（N）】<修剪>:

下面以图2-94为例说明“圆角”命令的操作过程。

AutoCAD 2016经典命令行：

命令: _fillet	单击"圆角"按钮
当前设置: 模式 = 修剪，半径 = 0.0000	显示当前设置
选择第一个对象或 [放弃(U)/多段线(P)/半径(R)/修剪(T)/多个(M)]: R↵	选择设置圆角半径选项
指定圆角半径 <0.0000>: 10 ↵	输入圆角半径
选择第一个对象或 [放弃(U)/多段线(P)/半径(R)/修剪(T)/多个(M)]:	选择图2-94（a）中的垂直线
选择第二个对象，或按住Shift键选择要应用角点的对象:	选择图2-94（a）中的水平线，完成圆角命令

构成圆角的直角边有修剪和不修剪两种模式，默认状态为修剪模式，如图2-94（b）所示。修剪/不修剪模式的切换可以通过在命令执行过程中选择"修剪"选项来实现，不修剪模式下的作图结果如图2-94（c）所示。

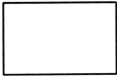
(a) 倒圆角前

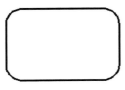
(b) 修剪模式

(c) 不修剪模式

图2-94　圆角

（2）倒角

"倒角"命令用于对两条直线边作倒角，可用距离和角度两种方式控制倒角的大小。构成倒角的直角边也有修剪和不修剪两种模式。单击"修改"面板中的"倒角"按钮，启动该命令。

首先输入修剪模式或不修剪模式。

CHAMFER 输入修剪模式选项【修剪（T）不修剪（N）】<修剪>:

下面以图2-95为例说明"倒角"命令的操作过程。

(a) 倒角前

(b) 修剪模式

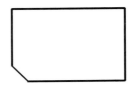
(c) 不修剪模式

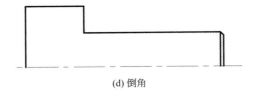
(d) 倒角

图2-95　倒角

AutoCAD 2016经典命令行：

命令: _chamfer	单击"倒角"按钮
（"不修剪"模式）当前倒角距离 1 = 0.000，距离 2 = 0.000	显示当前设置
选择第一条直线或 [放弃(U)/多段线(P)/距离(D)/角度(A)/修剪(T)/方式(E)/多个(M)]:　D ↵	选择设置倒角距离选项
指定第一个倒角距离 <0.000>: 20 ↵	输入第一个倒角距离
指定第二个倒角距离 <10.000>:20 ↵	输入第二个倒角距离
选择第一条直线或 [放弃(U)/多段线(P)/距离(D)/角度(A)/修剪(T)/方式(E)/多个(M)]:	选择图2-95（a）中的垂直线
选择第二条直线，或按住 Shift 键选择要应用角点的直线:	选择图2-95（a）中的水平线，完成倒角

2.6.12　使用夹点编辑图形

在"命令"提示下对已有对象进行选择，则对象上将显示彩色的小方框，称为夹点。

利用夹点可以执行几种常见的编辑命令，如镜像、移动、旋转、拉伸和比例缩放。

使用夹点编辑对象时，首先选择编辑对象，再单击其中一个夹点作为基准夹点（被选中夹点会显示为红色），点击右键，出现编辑模式，如图2-96所示，然后对选择对象进行编辑。

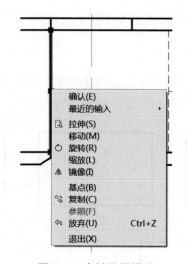

图2-96　右键编辑模式

图2-97为使用夹点编辑图形的操作过程。

选择图2-97（a）中的垂直线段，单击线段，选择下端夹点，颜色变为红色，然后往上拉到所需位置，即可完成操作。

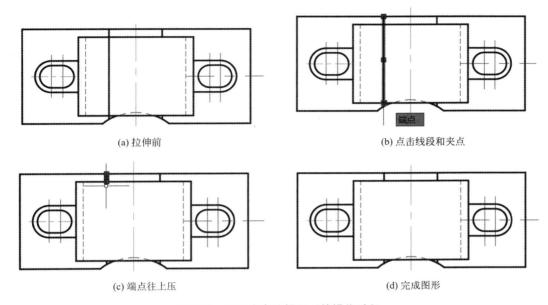

(a) 拉伸前   (b) 点击线段和夹点

(c) 端点往上压   (d) 完成图形

图2-97   使用夹点编辑图形的操作过程

2.6.13   分解

图2-98为分解图标。

图2-98   分解图标

 绘图点拨

如果绘制的整体需要分解后编辑时，采用分解命令。

 例

分解矩形框。

用 ☐ 绘制矩形框，点击时出现矩形框整体选择，选择整体矩形框后，点击分解图标，此时，矩形框分解为四条线，可以分别单独选择编辑，如图2-99所示。

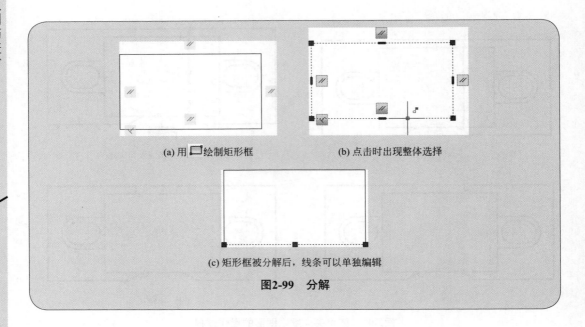

(a) 用 ▢ 绘制矩形框   (b) 点击时出现整体选择

(c) 矩形框被分解后，线条可以单独编辑

图2-99　分解

2.6.14　点打断

修改功能中，点打断线段，也是非常有用的功能，如图2-100所示。其应用如图2-101所示。

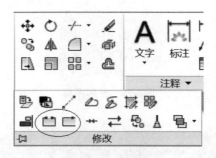

图2-100　打断点

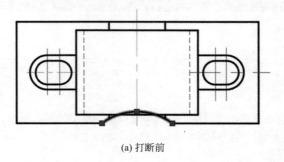

(a) 打断前

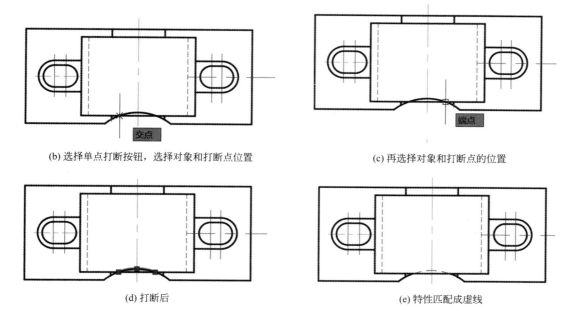

(b) 选择单点打断按钮，选择对象和打断点位置

(c) 再选择对象和打断点的位置

(d) 打断后

(e) 特性匹配成虚线

图2-101　点打断应用

2.7　草图约束与参数化绘图

2.7.1　草图约束

草图约束能够用来精确控制草图中的对象。它具有两种类型：几何约束和尺寸约束。

从菜单栏中，选择"参数化"，出现图2-102所示的"草图与注释"空间下的参数化面板。可以在"AutoCAD经典"状态下的参数下拉菜单中选择，也可以从工具选项板中选择，如图2-103、图2-104所示。

图2-102　"草图与注释"空间下的参数化面板

几何约束既可以对单个草图对象的几何特性进行控制（如要求某一直线为水平线），也可以同时控制多个对象（如要求两个圆的大小相等）。而尺寸约束是对草图对象的大小或者相对位置进行精确的数值控制。

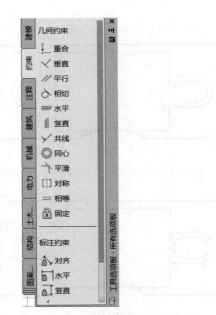

图2-103 "AutoCAD经典"下拉菜单　　图2-104 "AutoCAD经典"几何约束工具选项板

"几何约束"工具栏中命令的功能如表2-2所示。

表2-2 "几何约束"工具栏中命令的功能

名称和图标	功　　　能
重合	约束两个点使其重合，或者约束一个点使其位于直线、曲线或其延长线上
垂直	约束两直线或多段线线段，使其位于彼此垂直的位置
平行	约束两直线或多段线线段，使其位于彼此平行的位置
相切	约束直线与曲线或者两曲线，使其保持相切或者延长线保持彼此相切
水平	约束一直线或一对点，使其与当前UCS的X轴平行
垂直	约束一直线或一对点，使其与当前UCS的Y轴平行
共线	约束两直线，使其处于同一无限长直线上
同心	约束选定的圆、圆弧或者椭圆，使其具有相同的中心点
平滑	约束一样条曲线，使其与其他样条曲线、直线、圆弧或多段线彼此相连并保持G2连续性
对称	约束对象上的两条曲线或两个点，使其以选定直线为轴保持彼此对称
相等	约束两直线或多段线使其保持相同长度，或约束两圆或圆弧保持相同半径

（1）几何约束的建立

通过使用几何约束，可以在图形中包含设计要求。使用几何约束，可以指定草图对象必须遵守的条件。在绘图过程中，可以通过"几何约束"工具栏中的命令来指定二维对象或对象上的点之间的约束。编辑受约束的几何对象时，将保留约束关系。以图2-105为例，说明几何约束的建立过程。

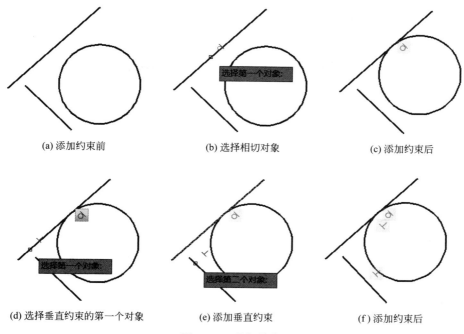

(a) 添加约束前   (b) 选择相切对象   (c) 添加约束后

(d) 选择垂直约束的第一个对象   (e) 添加垂直约束   (f) 添加约束后

图2-105　几何约束

（2）尺寸约束的建立

尺寸约束面板中，选择标注约束，如图2-106所示。也可以从"AutoCAD经典"工具选项板中选择，如图2-107所示。

(a)

图2-106

(b)

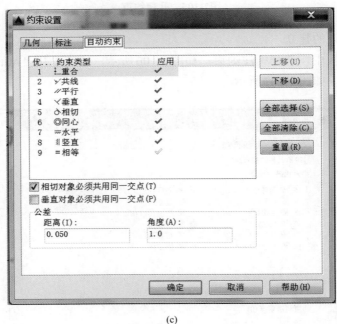

(c)

图2-106　参数化面板约束设置

　　使用尺寸约束，可以指定草图对象的大小。其建立过程与标注尺寸相似，同样设置尺寸标注线，同时建立相应的表达式，不同的是可以在后续的编辑工作中实现尺寸的参数化驱动。用户可以通过"标注约束"工具栏中的命令来建立尺寸约束，这时系统会生成一个表达式，其名称和数值显示在一弹出的对话文本框区域中，用户可以接着编辑该表达式的名称和数值。尺寸约束的类型有对齐、水平、垂直、角度、半径与直径。

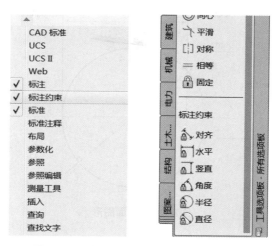

图2-107 "AutoCAD经典"工具选项板

以图2-108为例，说明尺寸约束的建立过程。

完成尺寸约束后，用户若需要修改约束，可以双击尺寸约束，然后就可以在弹出的对话框中对其进行编辑。图形会随着尺寸约束数值的变化而变化，如图2-108（d）所示。

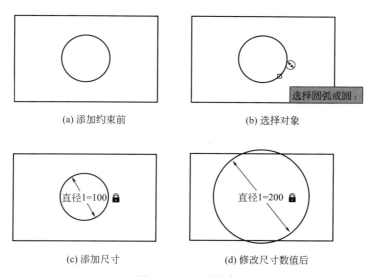

(a) 添加约束前　　　　　　　　　　(b) 选择对象

(c) 添加尺寸　　　　　　　　　　　(d) 修改尺寸数值后

图2-108 尺寸约束

2.7.2 参数化绘图

参数化绘图的核心是尺寸驱动，该技术在CAD系统的设计及图形处理中得到了广泛的应用。它利用参数驱动机制对图形数据进行操作，在满足图形几何约束的条件下，通过施加尺寸约束，对图形的几何数据进行修改，从而得到所需的设计图形。

用参数化绘图方法绘制图2-109所示的图形。

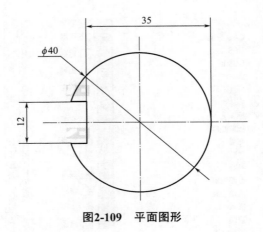

图2-109　平面图形

① 建立图层。

② 绘制草图，如图2-110（a）所示。

③ 建立几何约束，结果如图2-110（b）所示。

④ 建立尺寸约束，结果如图2-110（c）所示。

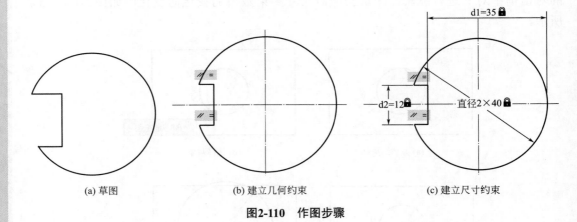

(a) 草图　　　　　　　　　(b) 建立几何约束　　　　　　(c) 建立尺寸约束

图2-110　作图步骤

2.8　综合实践

2.8.1　办公桌

试绘制图2-111所示的办公桌的图形。

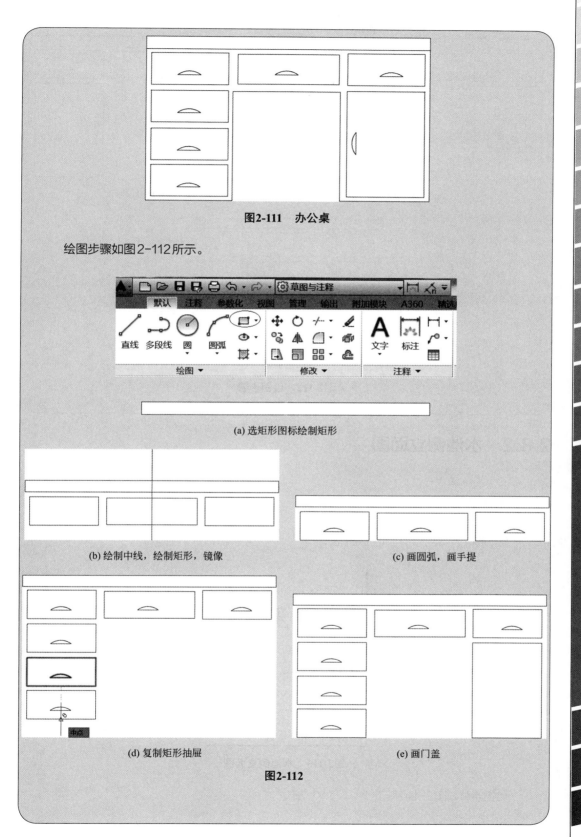

图2-111 办公桌

绘图步骤如图2-112所示。

(a) 选矩形图标绘制矩形

(b) 绘制中线，绘制矩形，镜像

(c) 画圆弧，画手提

(d) 复制矩形抽屉

(e) 画门盖

图2-112

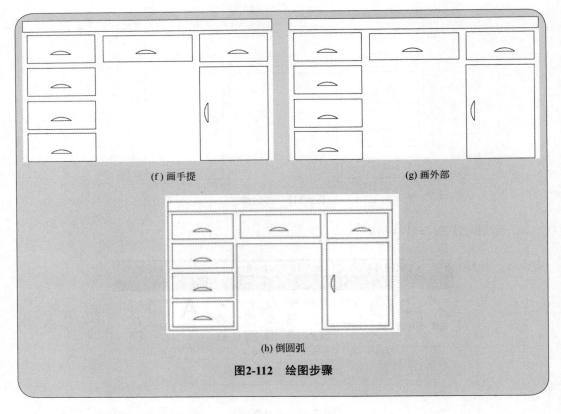

(f) 画手提　　　　　　　　　　　　(g) 画外部

(h) 倒圆弧

图2-112　绘图步骤

2.8.2　水池侧立面图

例

绘制图2-113所示的水池侧立面图。

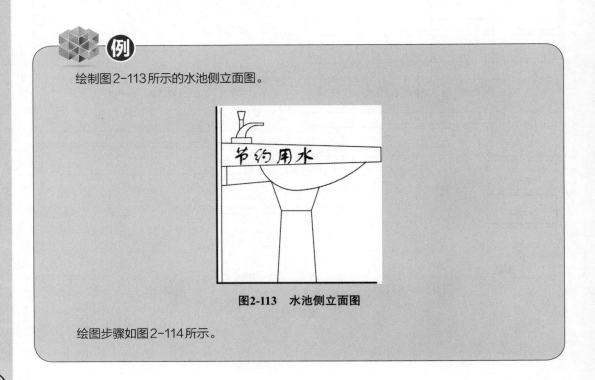

图2-113　水池侧立面图

绘图步骤如图2-114所示。

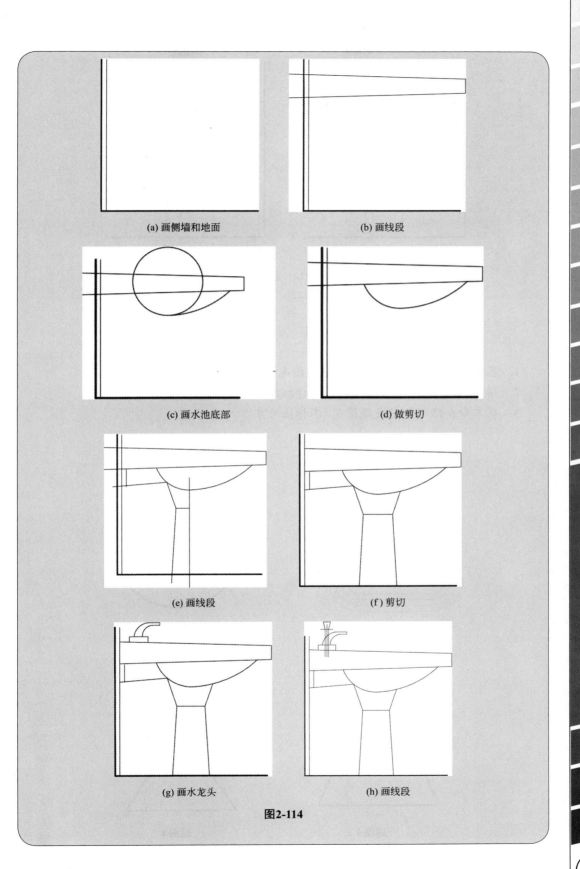

(a) 画侧墙和地面　　　　　　　　　　(b) 画线段

(c) 画水池底部　　　　　　　　　　(d) 做剪切

(e) 画线段　　　　　　　　　　(f) 剪切

(g) 画水龙头　　　　　　　　　　(h) 画线段

图2-114

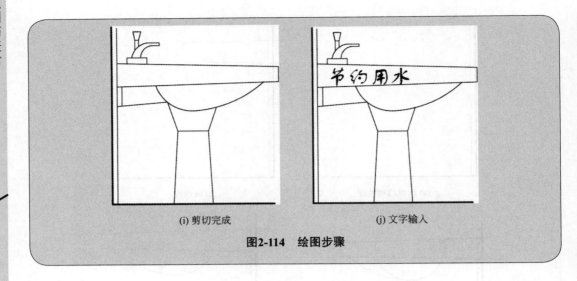

(i) 剪切完成　　　　　　　　(j) 文字输入

图2-114　绘图步骤

习　题

1. 基本命令练习，完成题图1～题图4，不标注尺寸。
2. 绘制面域图形，完成题图5，不标注尺寸。
3. 基本命令练习，完成题图6，不标注尺寸。

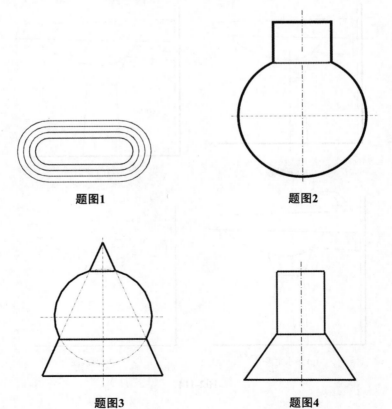

题图1　　　　　　　　　　　题图2

题图3　　　　　　　　　　　题图4

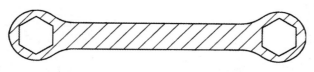

题图5

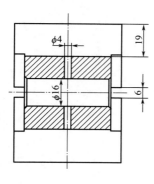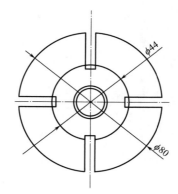

题图6

rt two

03

电气符号与平面图形

学习目标：

1. 以电气机械工程中常用的电气元件符号和三相异步电动机控制线路的设计实例，说明AutoCAD 2016的应用。在绘制过程中熟悉电气常用元件的符号和CAD命令的应用。

2. 培养熟练应用基本命令的能力。

3.1 电气开关

3.1.1 电气开关符号

例

试绘制图3-1所示电气开关符号。

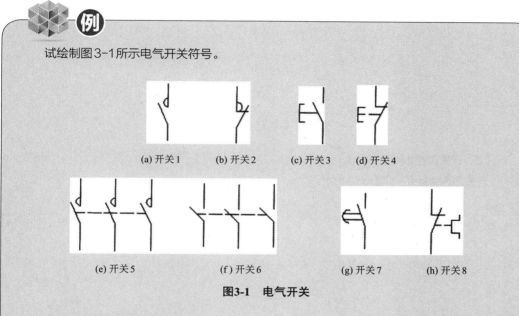

(a) 开关1　　(b) 开关2　　(c) 开关3　　(d) 开关4

(e) 开关5　　　　(f) 开关6　　　(g) 开关7　　(h) 开关8

图3-1　电气开关

（1）开关1的绘制

在正交状态下选择圆命令绘制圆，如图3-2所示，绘制步骤如图3-3所示。

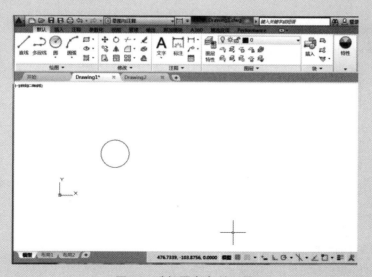

图3-2　选择圆命令 绘制圆

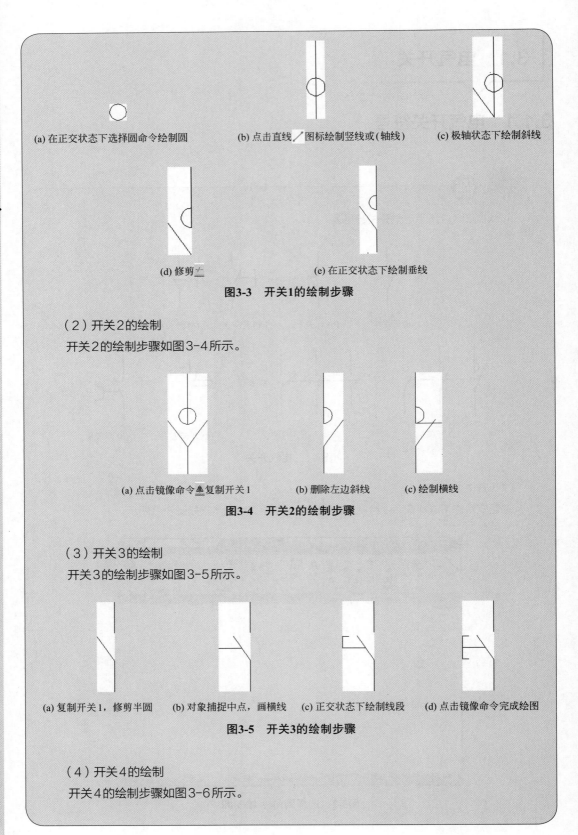

(a) 在正交状态下选择圆命令绘制圆　　(b) 点击直线✏图标绘制竖线或(轴线)　　(c) 极轴状态下绘制斜线

(d) 修剪✂　　　　　(e) 在正交状态下绘制垂线

图3-3　开关1的绘制步骤

（2）开关2的绘制

开关2的绘制步骤如图3-4所示。

(a) 点击镜像命令△复制开关1　　　(b) 删除左边斜线　　　(c) 绘制横线

图3-4　开关2的绘制步骤

（3）开关3的绘制

开关3的绘制步骤如图3-5所示。

(a) 复制开关1，修剪半圆　　(b) 对象捕捉中点，画横线　　(c) 正交状态下绘制线段　　(d) 点击镜像命令完成绘图

图3-5　开关3的绘制步骤

（4）开关4的绘制

开关4的绘制步骤如图3-6所示。

(a) 复制开关3，镜像斜线　　　　(b) 延长横线　　　　(c) 利用线型面板，将横线截断

图3-6　开关4的绘制步骤

（5）开关5的绘制

开关5的绘制步骤如图3-7所示。

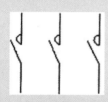 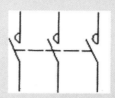

(a) 复制开关1　　　　　　　　(b) 取中点绘制虚线

图3-7　开关5的绘制步骤

（6）开关6的绘制

开关6的绘制步骤如图3-8所示。

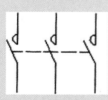 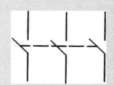

(a) 复制开关5　　　　　　　　(b) 删除半圆

图3-8　开关6的绘制步骤

（7）开关7的绘制

开关7的绘制步骤如图3-9所示。

(a) 块插入开关1　　(b) 捕捉斜线中点，　　(c) 在斜线上三等分，　　(d) 删除多余的线
　 删除半圆　　　　　 在适当位置画圆　　　 绘制横线，绘制竖线　　　 完成绘制

图3-9　开关7的绘制步骤

（8）开关8的绘制

开关8的绘制步骤如图3-10所示。

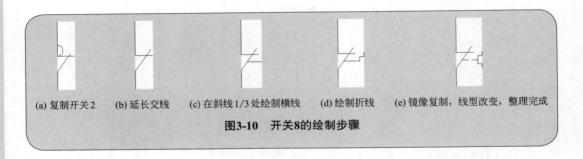

(a) 复制开关2　　(b) 延长交线　　(c) 在斜线1/3处绘制横线　　(d) 绘制折线　　(e) 镜像复制，线型改变，整理完成

图3-10　开关8的绘制步骤

3.1.2　继电器

例

试绘制图3-11所示继电器。

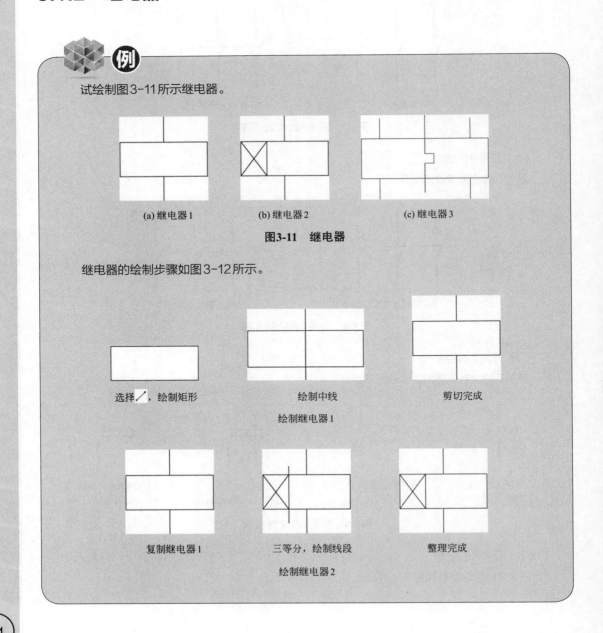

(a) 继电器1　　　　　(b) 继电器2　　　　　(c) 继电器3

图3-11　继电器

继电器的绘制步骤如图3-12所示。

选择／，绘制矩形　　　　　绘制中线　　　　　剪切完成

绘制继电器1

复制继电器1　　　　三等分，绘制线段　　　　整理完成

绘制继电器2

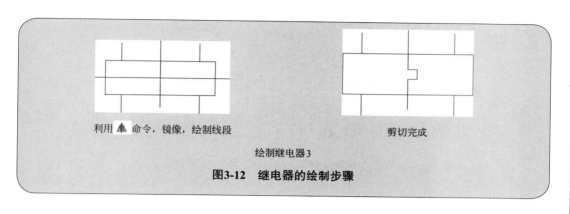

利用 🔺 命令，镜像，绘制线段　　　　　　　剪切完成

绘制继电器3

图3-12　继电器的绘制步骤

3.1.3　熔断器

例

试绘制图3-13所示熔断器。

图3-13　熔断器

熔断器的绘制步骤如图3-14所示。

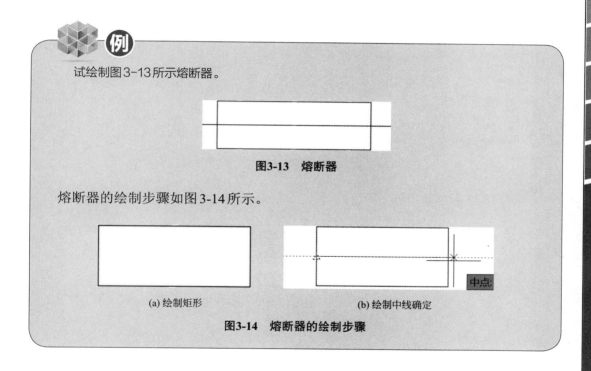

(a) 绘制矩形　　　　　　　　　　　(b) 绘制中线确定

图3-14　熔断器的绘制步骤

3.1.4　电动机

例

试绘制图3-15所示电动机。

绘图步骤：

① 绘制圆，如图3-16所示。

图3-15 电动机

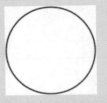

图3-16 绘制圆

② 写入字母。选用多行文字命令，居中，写入M，如图3-17所示。

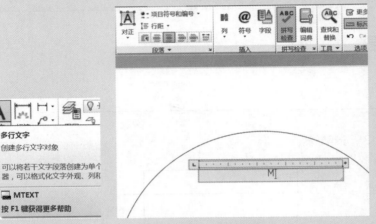

图3-17 写入M

③ 写入数字，如图3-18所示。

图3-18 写入数字

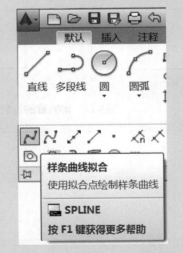

图3-19 写入符号

④ 写入符号。点击样条曲线，如图3-19所示，写入符号。

3.2 电动机控制电路图

绘制三相异步电动机控制电路图。

三相异步电动机是工程中常用的部件，应用比较广泛，其控制电路图见图3-20。

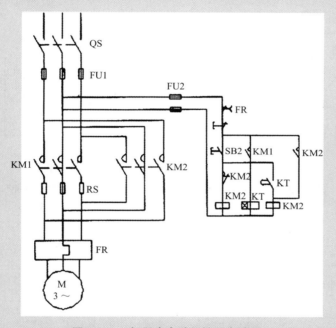

图3-20 三相异步电动机控制电路图

绘图步骤1如图3-21所示。

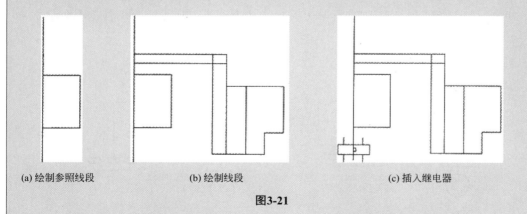

(a) 绘制参照线段　　　　　(b) 绘制线段　　　　　(c) 插入继电器

图3-21

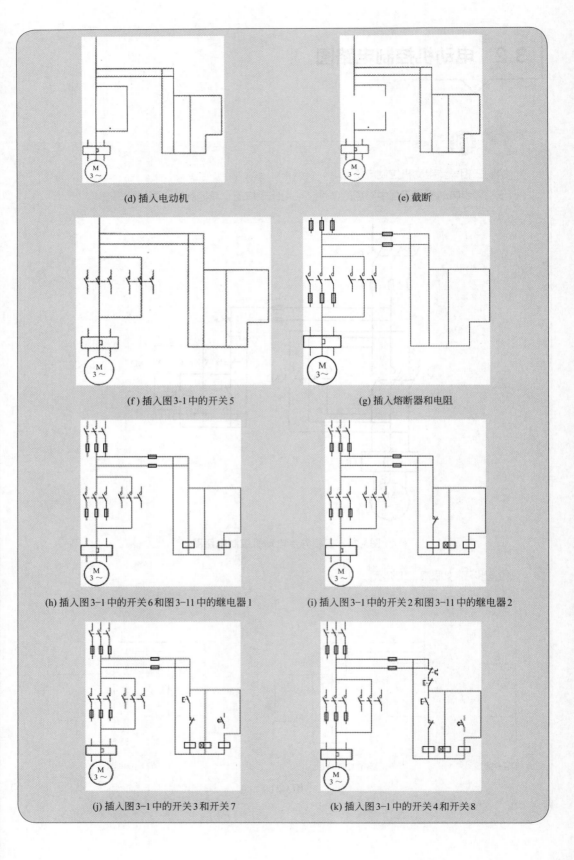

(d) 插入电动机

(e) 截断

(f) 插入图3-1中的开关5

(g) 插入熔断器和电阻

(h) 插入图3-1中的开关6和图3-11中的继电器1

(i) 插入图3-1中的开关2和图3-11中的继电器2

(j) 插入图3-1中的开关3和开关7

(k) 插入图3-1中的开关4和开关8

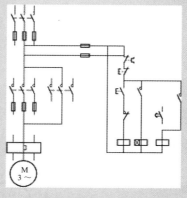

(l) 插入图3-1中的开关1

图3-21　绘图步骤1

绘图步骤2如图3-22所示。

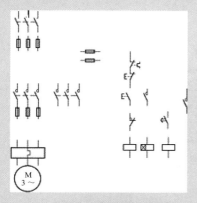

(a) 为避免出错，删除线段

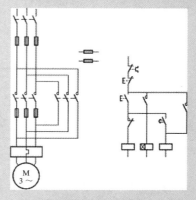

(b) 连接主要连线

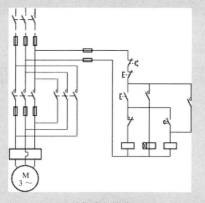

(c) 连接全部线路

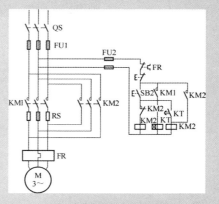

(d) 文字标注，保存完成

图3-22　绘图步骤2

3.3 情趣花盆

绘制图3-23所示情趣花盆。

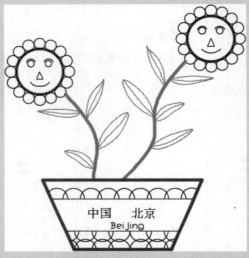

图3-23 情趣花盆

绘制步骤如图3-24所示。

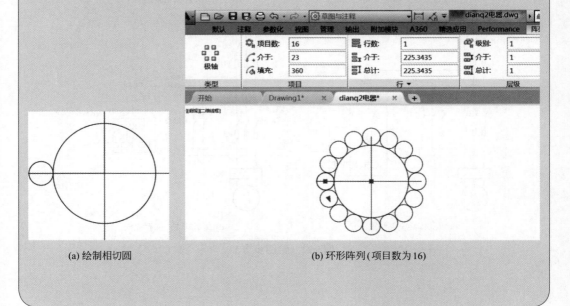

(a) 绘制相切圆　　　　　　　　　　(b) 环形阵列(项目数为16)

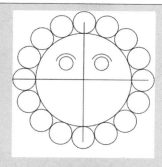

(c) 镜像

(d) 整理

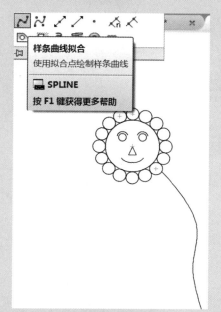

(e) 样条曲线绘制

(f) 绘制叶子

(g) 绘制图形1

(h) 绘制图形2

图3-24

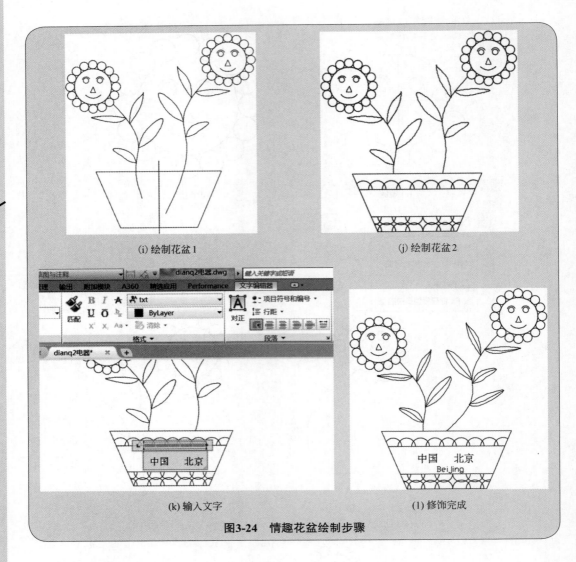

(i) 绘制花盆1　　　　　　　　　　　(j) 绘制花盆2

(k) 输入文字　　　　　　　　　　　(l) 修饰完成

图3-24　情趣花盆绘制步骤

3.4　支架

绘制图3-25所示的支架。

分析：本题的重点是找连接弧的圆心，画连接弧。

首先画已知圆弧、已知线段，然后找连接弧的圆心，画连接弧。具体步骤如图3-26所示。

图3-25 支架

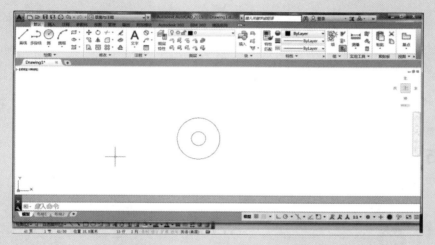

(a) 绘制已知圆：画 R=100mm、R=300mm 的圆

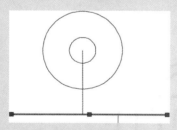

(b) 距离中心 500mm 画一条水平线段

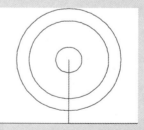

(c) 画 R=400mm 的圆

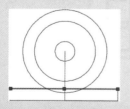

(d) 找圆心：画距离水平线段 120mm 的平行线

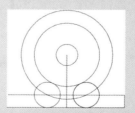

(e) 画连接弧：以交点为圆心画 R=120mm 的圆

图3-26

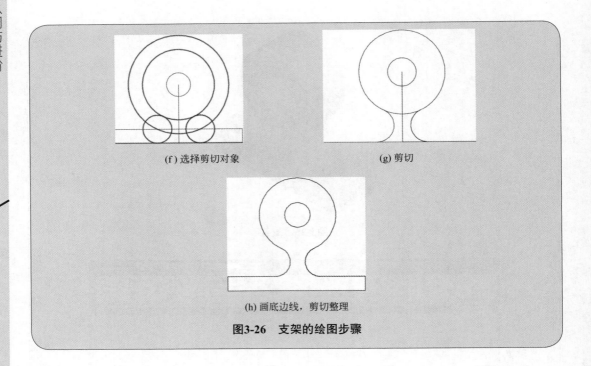

(f) 选择剪切对象　　　　　　　　(g) 剪切

(h) 画底边线，剪切整理

图3-26　支架的绘图步骤

3.5　房子

例

绘制图3-27所示房子。

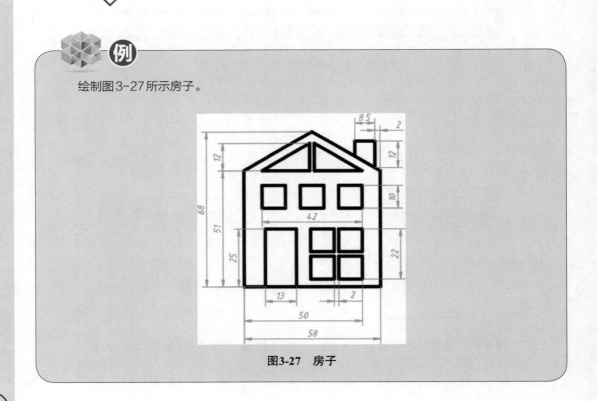

图3-27　房子

绘制步骤如图3-28所示。

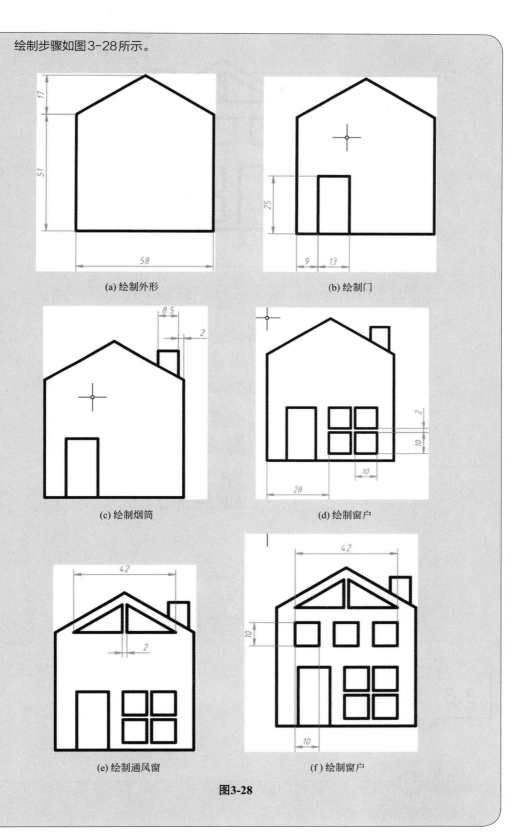

(a) 绘制外形

(b) 绘制门

(c) 绘制烟筒

(d) 绘制窗户

(e) 绘制通风窗

(f) 绘制窗户

图3-28

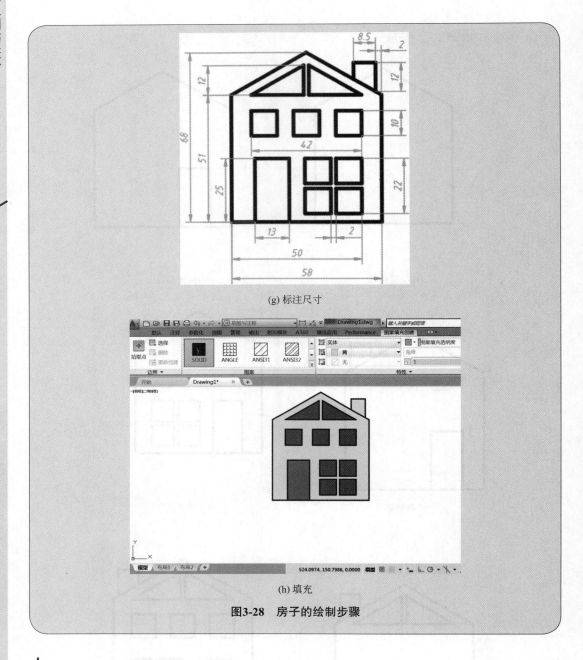

(g) 标注尺寸

(h) 填充

图3-28　房子的绘制步骤

3.6　道德经书标

绘制图3-29所示的书标。

图3-29 书标

绘制步骤如图3-30～图3-32所示。

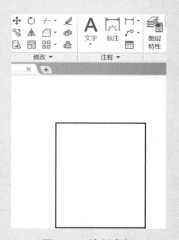

图3-30 绘制书框

图3-31 输入文字

图3-32　填充颜色

3.7　路灯

绘制图3-33所示的路灯，并填充颜色。

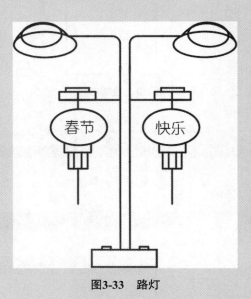

图3-33　路灯

绘制步骤：

　　画图线，如图3-34所示。画灯笼，如图3-35所示。镜像，如图3-36所示。画底座，如图3-37所示。填充颜色，如图3-38所示。写字，如图3-39所示。

图3-34　画图线

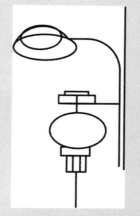

图3-35　画灯笼

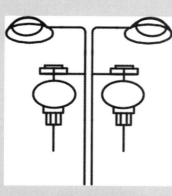

图3-36　镜像

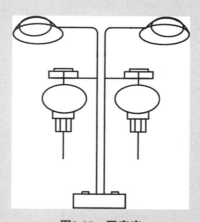

图3-37　画底座

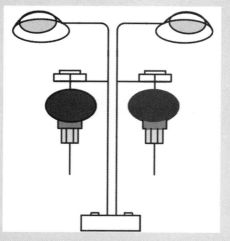

图3-38　填充颜色

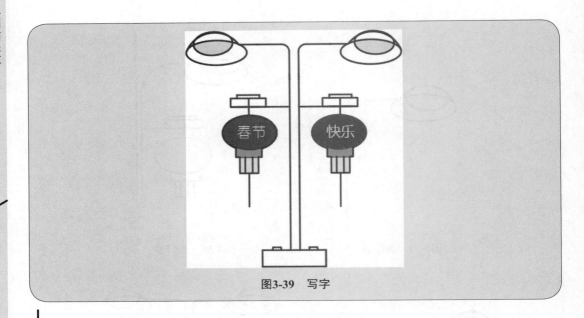

图3-39　写字

3.8　快乐之家

 例

绘制图3-40所示的快乐之家。

图3-40　快乐之家

绘制步骤：

绘制圆弧，如图3-41所示。绘制图线，如图3-42、图3-43所示。写字，如图3-44、图3-45所示。加修饰，如图3-46所示。

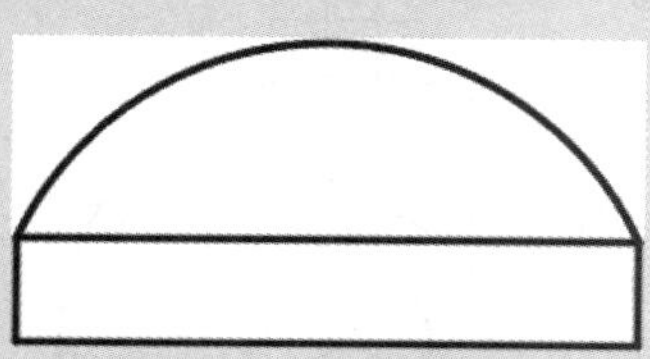

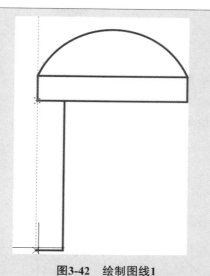

图3-42　绘制图线1

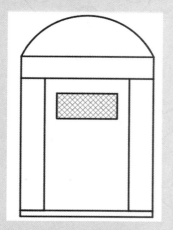

图3-41　绘制圆弧

图3-43　绘制图线2

图3-44　写字1

图3-45　写字2

图3-46　加修饰

1. 绘制题图1所示视图，不注尺寸。
2. 绘制题图2所示视图，不注尺寸。
3. 绘制题图3所示视图，不注尺寸。

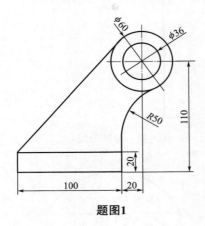

题图1

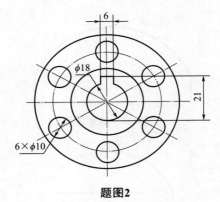

题图2

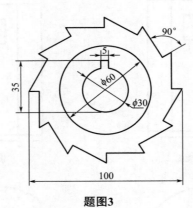

题图3

04

第4章

绘图环境设置与尺寸标注

学习目标：

1. 了解绘图的基本环境设置。

2. 熟悉文字和尺寸标注的设置。

4.1 绘图环境设置

4.1.1 设置图形界限

在机械CAD工程制图中，其图纸幅面和尺寸应符合GB/T 14689—2008《技术制图 图纸幅面和格式》有关规定。根据零件大小和复杂程度以及国家标准规定的图纸幅面，设置图形界面。选择A3图幅（420mm×297mm）。

命令：LIMITS。

4.1.2 设置图形单位

命令：UNITS。

在弹出的"图形单位"对话框中，对绘图单位及精度进行设置。将【长度】|【精度】设置为"0.0000"，其他设置为默认值，如图4-1所示。

图4-1 "图形单位"对话框

4.1.3 图线的基本线型

机械工程图样中的图形是由不同形式的图线组成的。国家标准GB/T 17450—1998《技术制图 图线》和GB/T 4457.4—2002《机械制图 图样画法 图线》中有详细规定。在绘制图样时，应采用规定的标准图线。表4-1所示为机械工程图样中常用图线的名称、型式及其主要用途。

表 4-1　机械工程图样中常用图线的名称、型式及其主要用途

名称及线宽	图线型式	主要用途	图　例
粗实线 d		可见轮廓线	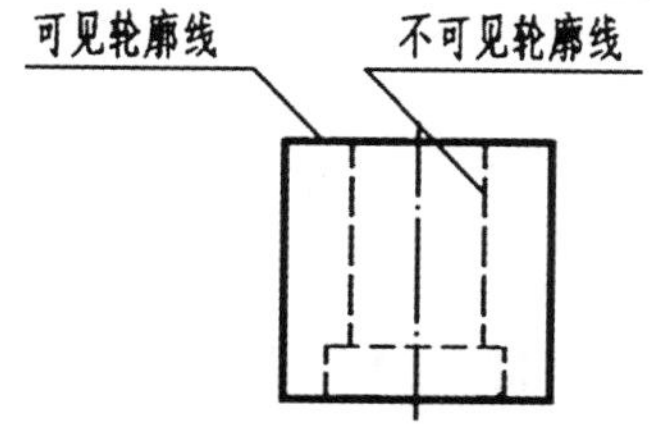 可见轮廓线　不可见轮廓线
虚线 $d/2$	12d　3d	不可见轮廓线	
细实线 $d/2$		尺寸线 尺寸界线 剖面线 辅助线 引出线	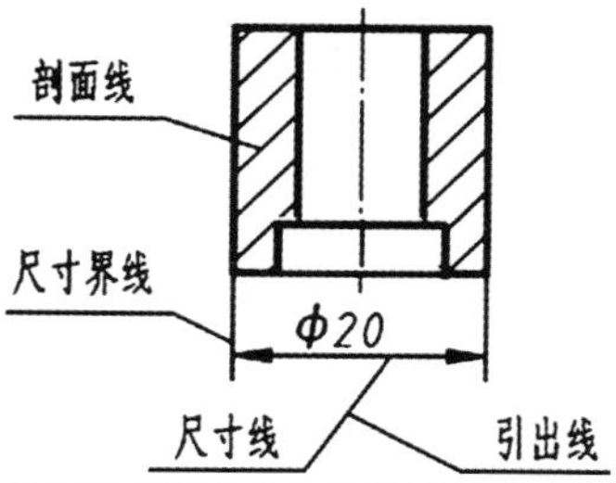 剖面线 尺寸界线 $\Phi20$ 尺寸线　引出线
波浪线 $d/2$		断裂处的边界线，视图和剖视图的分界线	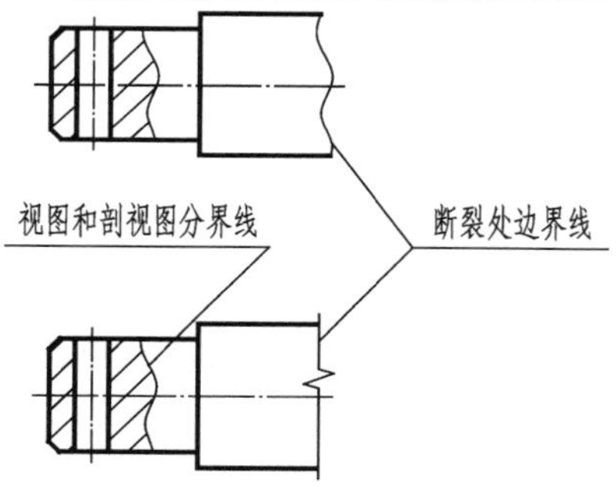 视图和剖视图分界线　断裂处边界线
双折线 $d/2$		断裂处的边界线	

4.1.4　图层设置

GB/T 18229—2000《CAD 工程制图规则》和 GB/T 14665—2012《机械工程　CAD 制图规则》对线型、线宽进行了规定。在"图层"工具栏上单击按钮，打开"图层特性管理器"选项板，可以设置图层名称、颜色、线型和线宽特性，如图4-2所示。

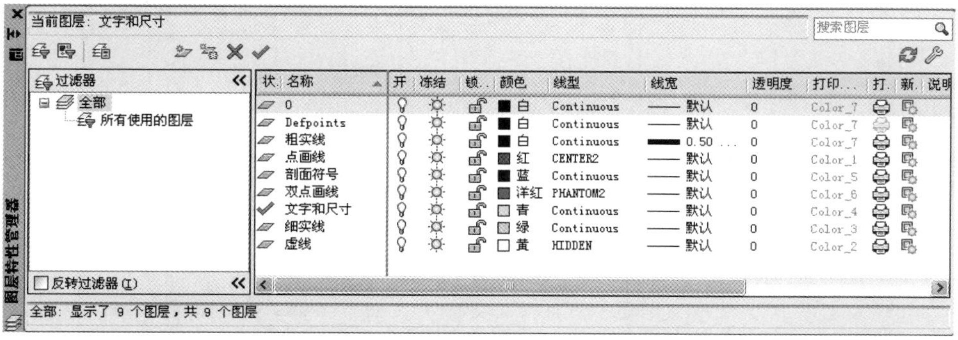

图4-2　"图层特性管理器"选项板

4.2 注释功能

"草图与注释"空间下，"默认"菜单下的注释面板如图4-3所示。

4.2.1 标注样式

AutoCAD 2016为用户提供了默认文字样式Standard，但往往不能满足用户要求，因此在标注尺寸前，首先应设置文字样式。文字样式是对同一类文字的格式设置的集合，包括字体、字高、显示效果等。

（1）设置文字样式

在注释下拉面板中，单击图4-4所示图标按钮，或选择"注释"下"文字样式管理"选项，弹出"文字样式"对话框，如图4-5所示。该对话框中常用选项的功能如下。

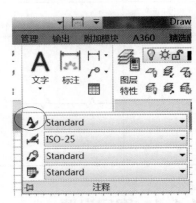

图4-3　注释面板　　　　　　　　　　　　图4-4　"文字样式"图标按钮

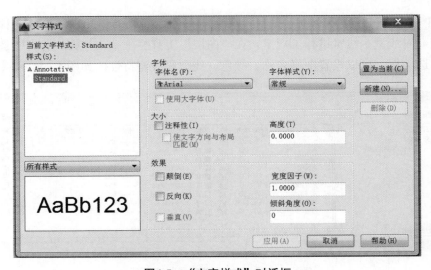

图4-5　"文字样式"对话框

①"样式"选项组：用于样式的建立、重命名和删除操作。"样式"列表框中列有当前已定义的文字样式。

②"新建"按钮：用于创建新的文字样式。

③"字体"选项组：用于字体的选择和字体高度的设置。"字体名"下拉列表框中给出了可以选用的字体名称。AutoCAD 2016提供了符合国家制图标准的中文字体"gbcbig.shx"和英文字体"gbeitc.shx"及"gbenor.shx"，其中"gbenor.shx"用于标注正体，"gbeitc.shx"用于标注斜体。

④"大小"选项组：用于指定文字高度，可直接在"高度"文本框输入数值。

⑤"效果"选项组：其中的"颠倒""反向""垂直"复选框用于确定文字特殊放置效果，"宽度因子"文本框用于确定文字的宽度和高度的比例；"倾斜角度"文本框用于确定文字的倾斜角度。

设置"工程字（正体）"和"工程字（斜体）"两种文字样式，其中"工程字（正体）"样式用于标注汉字、正体字母和数字，"工程字（斜体）"样式用于标注汉字、斜体字母和数字，如图4-6、图4-7所示。具体操作步骤：

图4-6　"新建文字样式"对话框

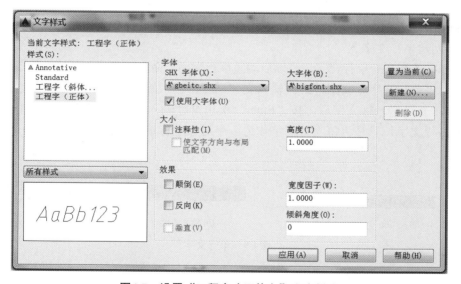

图4-7　设置"工程字（正体）"文字样式

① 在弹出的"文字样式"对话框中，单击"新建"按钮，弹出"新建文字样式"对话框。在"样式名"文本框中输入新样式名"工程字（正体）"，如图4-6所示。单击"确定"按钮，返回"文字样式"对话框。

② 选择"gbeitc.shx"作为SHX字体，勾选"使用大字体"复选框，选择"bigfont.shx"作为大字体，其余均采用默认设置，单击"应用"按钮，即可完成"工程字（正体）"样式的创建，如图4-7所示。单击"关闭"按钮，关闭对话框。

同理，设置工程字（斜体）样式，如图4-8所示。

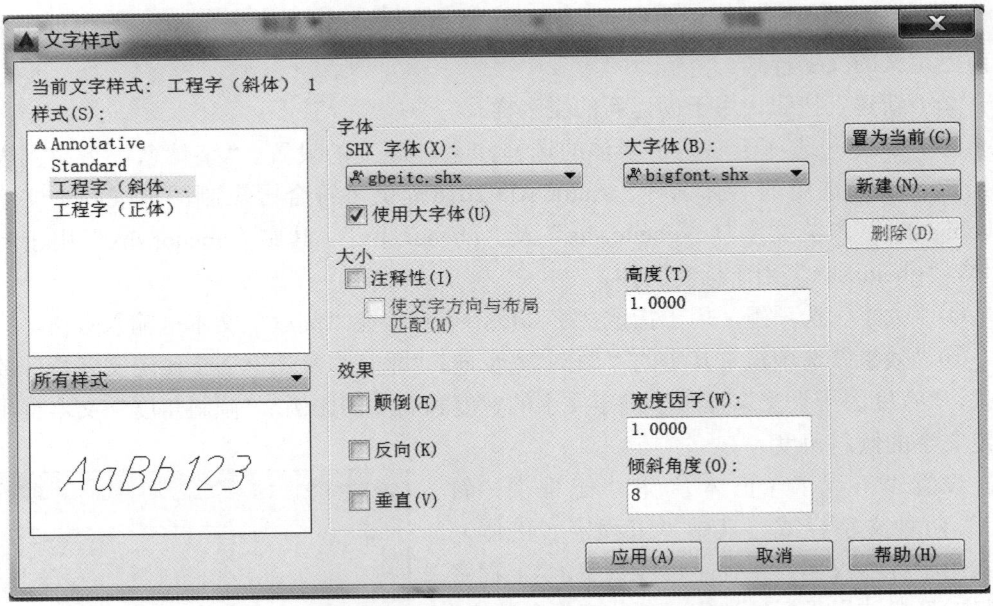

图4-8 设置"工程字（斜体）"文字样式

（2）文字输入

AutoCAD 2016提供了两种创建文字的工具，即创建单行文字和多行文字。

① 创建单行文字A。

选择字体A——单行文字，可以启动"单行文字"命令，进行单行文字的动态书写。

启动"单行文字"文字样式，输入文字高度，输入旋转角度，然后输入文字，如图4-9所示。书写完一行文字后，按"Enter"键可继续输入另一行文字。因此用该命令也可创建多行文字，只是将每一行文字作为一个对象进行编辑和修改。

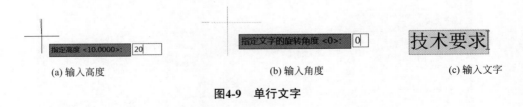

(a) 输入高度　　　　　　　　　　(b) 输入角度　　　　　　　　　(c) 输入文字

图4-9 单行文字

② 创建多行文字 A 多行文字。

单击字体 A 多行文字——多行文字，可以启动"多行文字"命令。启动该命令，选择文字

样式，输入旋转角度。利用该命令可以书写不同样式的多行文字并控制其宽度以及对正方式。

指定完角点［图4-10（a）］后，系统将弹出多行文字编辑器，用户可以在其中输入需要书写的文字［图4-10（b）］。在多行文字编辑器中右击鼠标，会弹出如图4-10（c）所示的快捷菜单，利用快捷菜单可以对文字进行编辑。

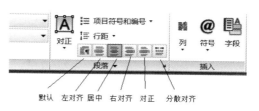

(a) 指定对角点

(b) 书写文字过程

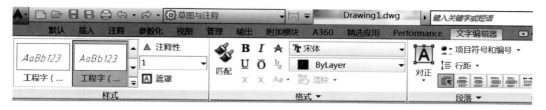

(c) 快捷菜单

图4-10　多行文字

（3）设置尺寸标注样式

AutoCAD 2016提供了丰富的尺寸标注功能，可以控制各种尺寸标注格式，并能方便地对标注的尺寸要素进行编辑。

点击注释菜单，弹出图4-11所示功能面板，该面板包括文字、标注、引线、表格、标记、注释缩放，可以修改和应用。点击标注右下角，如图4-11所示，弹出对话框，如图4-12所示。

图4-11　注释菜单下的功能面板

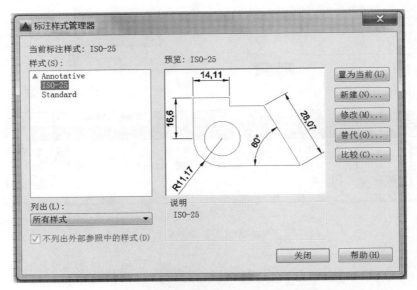

图4-12　"标注样式管理器"对话框

　　工程图样中的尺寸标注必须符合制图标准。因此，在标注尺寸前应根据制图标准创建所需的尺寸标注样式。

　　单击"默认"面板中的"标注样式"按钮，或选择"标注样式"选项，弹出如图4-12所示的"标注样式管理器"对话框。该对话框中主要选项的功能如下：

　　①"当前标注样式"：显示当前正在使用的样式名称。

　　②"样式"列表框：显示标注样式的名称。

　　③"预览"显示框：显示当前标注的样式示例。

　　④"置为当前"按钮：将在"样式"列表框中选中样式设置为当前使用的样式。

　　⑤"新建"按钮：显示"创建新标注样式"对话框，从中可以定义新的标注样式。

　　⑥"修改"按钮：显示"创建新标注样式"对话框，从中可以修改标注样式。

　　⑦"替代"按钮：显示"替代当前样式"对话框，从中可以设置标注样式的临时替代值。

　　⑧"比较"按钮：显示"比较标注样式"对话框，从中可以比较两个标注样式或列出一个标注样式的所有特性。

　　单击"新建"按钮，弹出"创建新标注样式"对话框，如图4-13所示。在"新样式名"文本框中，用户可以输入新建样式的名称，如线性标注；"基础样式"下拉列表框用于选择当前使用的样式，例如"ISO-25"；"用于"下拉列表框允许定义该新建样式的应用范围，如用于"所有标注"或者只用于"线性标注"。

　　单击"继续"按钮，将弹出"新建标注样式：线性标注"对话框，如图4-14所示。

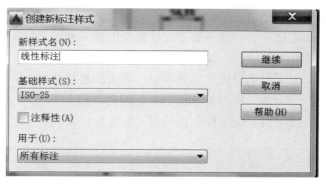

图4-13 "创建新标注样式"对话框

"新建标注样式：线性标注"对话框中共有7个选项卡，其功能如下：

① "线"选项卡：用于设置尺寸线、尺寸界线的样式，如图4-14所示。

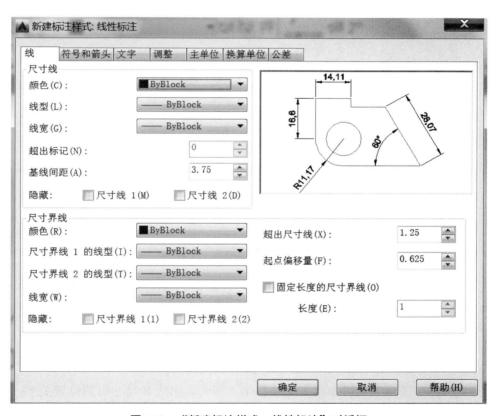

图4-14 "新建标注样式：线性标注"对话框

　　a. "尺寸线"选项组：用于设置尺寸线的颜色、宽度、超出标记、基线间距和对尺寸线是否隐藏等内容。

　　b. "尺寸界线"选项组：用于设置尺寸界线的颜色、线宽、超出尺寸线的长度、起点偏移量及是否隐藏尺寸界线等内容。

　　当对以上内容进行修改时，右上侧的预览区会显示相应的变化，应该特别注意观察以便确定所定义或者修改是否合适。

②"符号和箭头"选项卡：用于设置尺寸箭头的样式和圆心标记、弧长符号的标注位置等，如图4-15所示。

a."箭头"选项组：用于设置尺寸线和引线箭头的形状及大小。

b."圆心标记"选项组：用于控制圆心标记的类型和大小。

c."弧长符号"选项组：用于控制弧长符号的标注位置。

图4-15 "符号和箭头"选项卡

③"文字"选项卡：用于设置文字外观、位置以及对齐方式，如图4-16所示。

a."文字外观"选项组：可以依次设置或者选择文字的样式、颜色、高度、高度比例和是否给标注文字加上边框。

b."文字位置"选项组：用于设置文字与尺寸线间的位置关系及间距。

c."文字对齐"选项组：用于确定文字的对齐方式。

④"调整"选项卡：用于设置尺寸数字、箭头、引线和尺寸线的位置关系，如图4-17所示。

a."调整选项"选项组：依据尺寸界线之间的空间来控制文字和箭头的位置。

b."文字位置"选项组：设置当文字无法放置在尺寸界线之间时文字的放置位置。

⑤"主单位"选项卡：用于设置尺寸数字的显示和比例等，如图4-18所示。

⑥"换算单位"选项卡：用于设置是否显示换算单位及对换算单位进行设置，如图4-19所示。

⑦"公差"选项卡：用于控制尺寸公差的格式及对公差值进行设置，如图4-20所示。

图4-16 "文字"选项卡

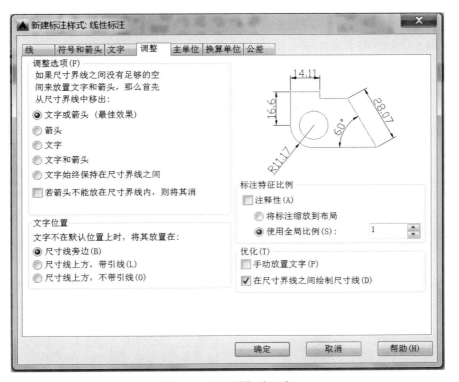

图4-17 "调整"选项卡

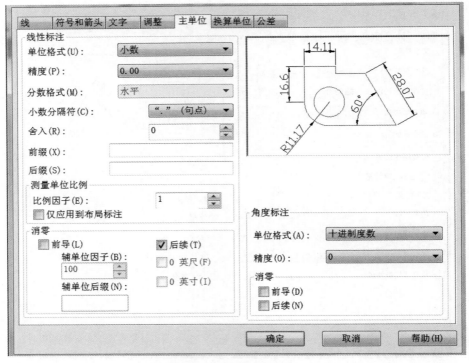

图4-18 "主单位"选项卡

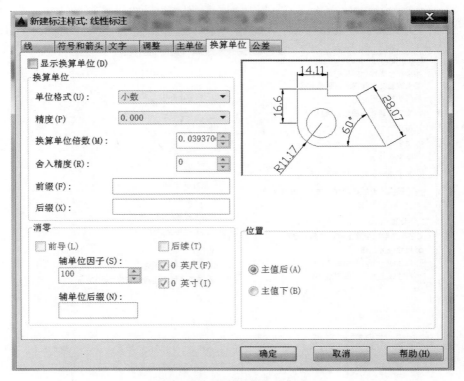

图4-19 "换算单位"选项卡

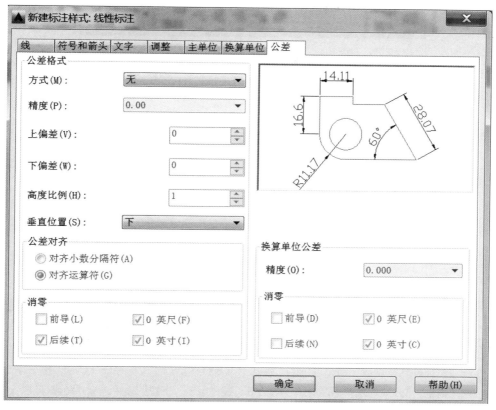

图4-20 "公差"选项卡

创建机械制图中尺寸标注样式"工程标注"。

单击"标注样式"按钮 ，打开"标注样式管理器"对话框，单击对话框中的"新建"按钮，打开"创建新标注样式"对话框；在该对话框中的"新样式名"文本框中输入"工程标注"；其余采用默认设置，单击"继续"按钮，打开"新建标注样式"对话框。在该对话框中进行如下设置：

① 在"线"选项卡中，将"基线间距"设为7；将"超出尺寸线"设为2；将"起点偏移量"设为0。

② 在"符号和箭头"选项卡中，将"箭头大小"设为3；其余采用默认设置。

③ 在"文字"选项卡中，将"文字样式"设为"工程字体"；将"文字高度"设为3.5；将"从尺寸线偏移"设为1.5；其余采用默认设置。

④ 在"主单位"选项卡中，将线性标注的"单位格式"设为"小数"，其"精度"设为0；将角度标注的"单位格式"设为"度/分/秒"，其"精度"设为0；其余采用默认设置。

单击"确定"按钮，完成"工程标注"尺寸标注样式的设置，返回"标注样式管理器"对话框，如图4-21所示。

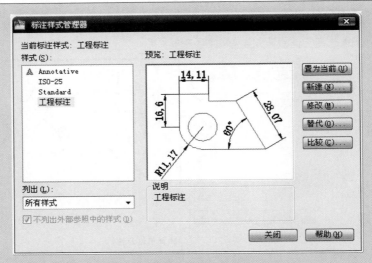

图4-21 设置"工程标注"尺寸样式

　　用"工程标注"尺寸样式标注尺寸，虽然可以标注出符合国家标准的大部分尺寸，但标注角度时不符合要求。因此，还应在"工程标注"尺寸样式的基础上，定义专门适用于角度标注的尺寸样式（子样式）。其操作步骤如下。

　　在"标注样式管理器"对话框中的"样式"列表框中选择"工程标注"选项，然后单击"新建"按钮，打开"创建新标注样式"对话框，在"用于"下拉列表中选择"角度标注"选项，其余设置保持不变。单击"继续"按钮，打开"新建标注样式"对话框。在该对话框中的"文字"选项卡中，选中"文字对齐"选项组中的"水平"单选按钮，其余设置保持不变。

　　单击"确定"按钮，完成"角度标注"子标注样式的设置，返回"标注样式管理器"对话框，如图4-22所示。

　　单击"关闭"按钮，关闭对话框，完成尺寸标注样式的设置。

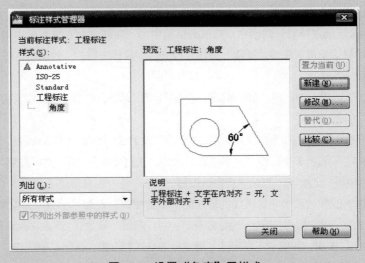

图4-22 设置"角度"子样式

4.2.2　常用的尺寸标注类型

关于尺寸标注样式，在注释菜单功能面板中，点击尺寸标注按钮，弹出"标注样式管理器"对话框，设置符合国家标准规定的一般标注样式，即"尺寸标注"，3个子样式，即"尺寸标注：角度""尺寸标注：半径"和"尺寸标注：直径"，其设置结果如图4-23所示。

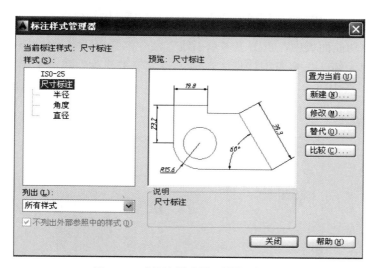

图4-23　"标注样式管理器"对话框

4.2.3　多重引线

多重引线在很多绘图中需要应用，如有标注倒角、沉孔和螺纹孔等尺寸以及表面粗糙度等要求的场合。在装配图中需要用到无箭头引线引出零部件序号。

序号由指引线、小圆点（或箭头）和序号数字所组成。序号应按顺时针或逆时针方向顺序编号，沿水平或垂直方向整齐排列在一条直线上；指引线应从零件、部件的可见轮廓线内用细实线引出，端部画一小圆点。常用序号标注方法如图4-24所示。

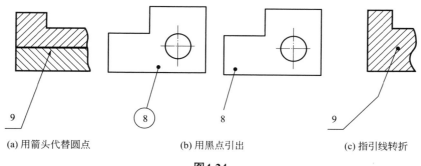

(a) 用箭头代替圆点　　　　　　(b) 用黑点引出　　　　　　(c) 指引线转折

图4-24

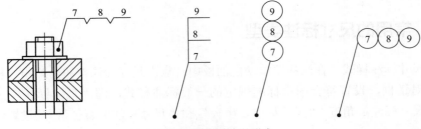

(d) 公共指引线的标注形式

图4-24　序号的编号形式及公共指引线的标注形式

在注释菜单功能面板中，点击"多重引线"命令，弹出"多重引线样式管理器"对话框，可设置"无箭头"多重引线样式，也可设置"带箭头"和"小黑点"引线样式，如图4-25所示。点击"多重引线样式管理器"对话框中的"修改"按钮，可对引线格式、引线结构、内容进行修改，如图4-26～图4-28所示。

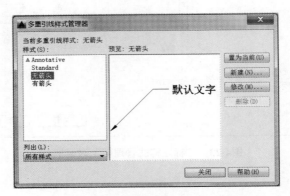

图4-25　"多重引线样式管理器"对话框

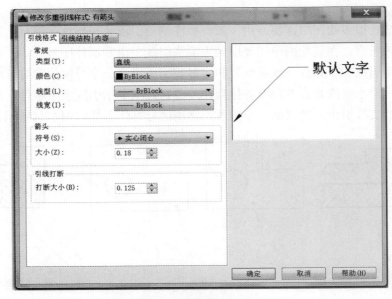

图4-26　"引线格式"选项卡

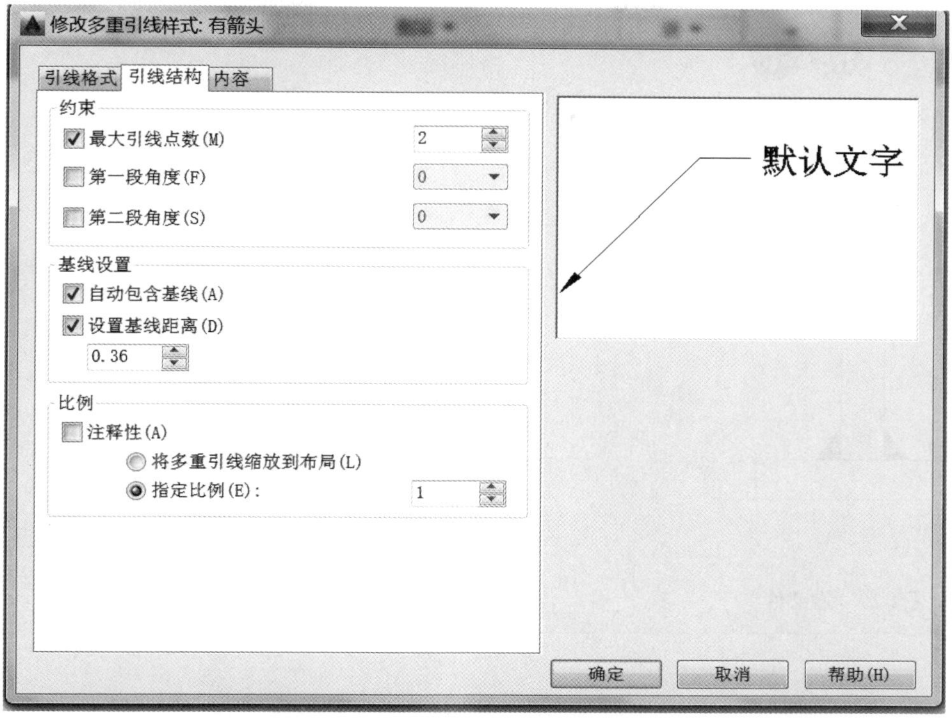

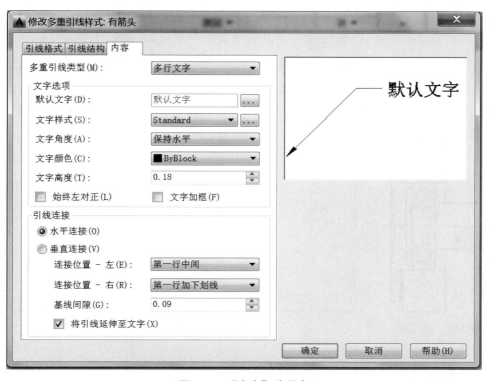

图4-27 "引线结构"选项卡

图4-28 "内容"选项卡

例 1

对图4-29所示的零部件进行引线标注。

引线标注的步骤见图4-30。

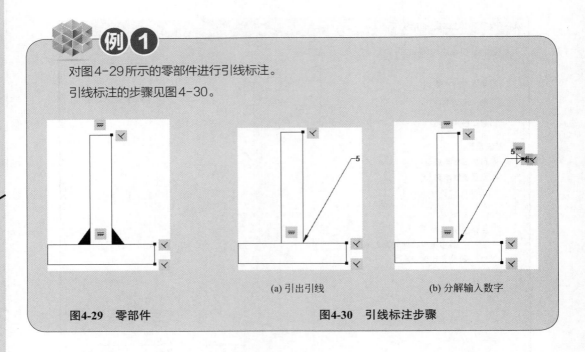

图4-29　零部件

(a) 引出引线　　　　(b) 分解输入数字

图4-30　引线标注步骤

例 2

对图4-31所示装配图进行引线标注。

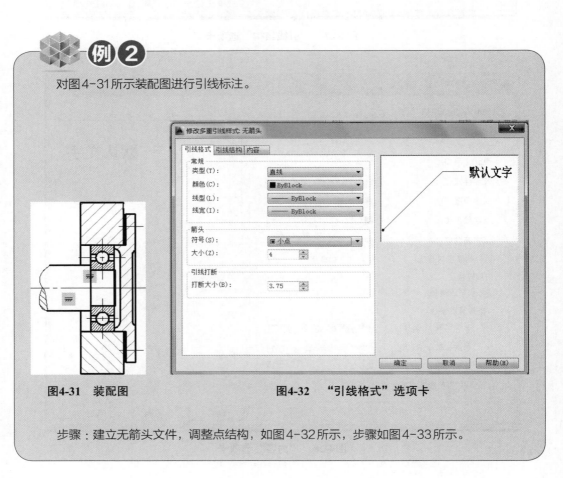

图4-31　装配图

图4-32　"引线格式"选项卡

步骤：建立无箭头文件，调整点结构，如图4-32所示，步骤如图4-33所示。

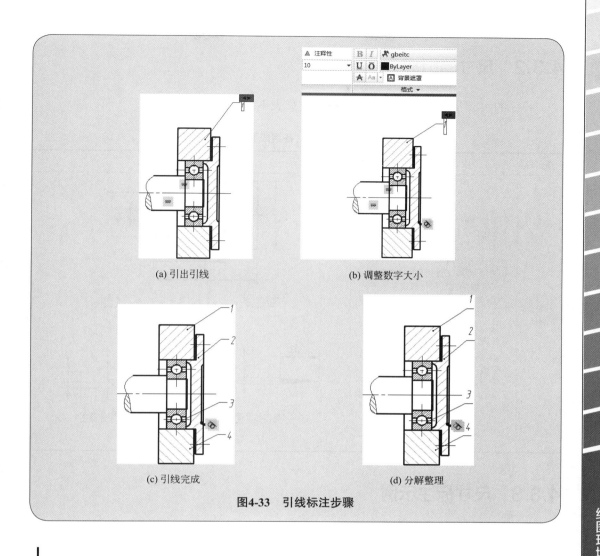

(a) 引出引线　　　　　　　(b) 调整数字大小

(c) 引线完成　　　　　　　(d) 分解整理

图4-33　引线标注步骤

4.3　国家制图标准基本规定

4.3.1　常用的符号

机件的大小是通过图样中的尺寸来确定的，因此标注尺寸是一项极为重要的工作，必须严格遵守国家标准中的有关规则。

标注尺寸时，应尽可能使用符号和缩写词。表4-2所示为常用的符号和缩写词。

表4-2　常用的符号和缩写词

名称	直径	半径	球直径	球半径	45°倒角	厚度	均布	正方形	深度	埋头孔	沉孔或锪平
符号或缩写词	ϕ	R	$S\phi$	SR	C	t	EQS	□	▽	∨	⊔

4.3.2　尺寸的组成

尺寸的组成及对各组成要素的有关规定如表4-3所示。

表4-3　尺寸的组成及对各组成要素的有关规定

项　目	说　明	图　例
尺寸的组成	如图（a）所示，一个完整的尺寸应包含下列内容： 　① 尺寸数字。 　② 尺寸界线。 　③ 尺寸线（包括尺寸线终端）。 尺寸线终端有两种形式： 　① 箭头：机械图样常采用箭头。 　② 斜线：常用于土建类图样。 尺寸线终端画法如图（b）所示。 注意： 　① 尺寸界线和尺寸线均用细实线绘制。 　② 同一图样中只能采用一种终端形式。当采用斜线形式时，尺寸线与尺寸界线必须相互垂直	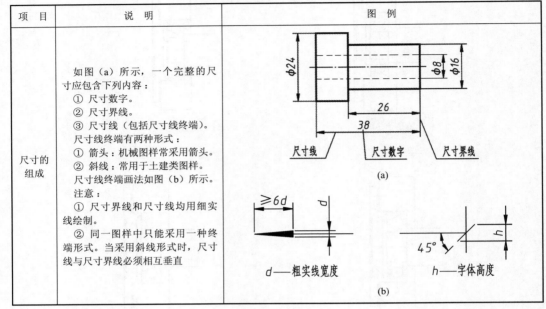

4.3.3　尺寸标注示例

尺寸标注示例如表4-4所示。

表4-4　尺寸标注示例

项　目	基本规则	图　例
直径与半径	① 圆或大于半圆的圆弧，注直径尺寸，并在尺寸数字前加"ϕ"。直径相等的圆只注一次，并在ϕ前加"数量×"	
	② 小于或等于半圆的圆弧，注半径尺寸，并在尺寸数字前加"R"，且必须注在投影为圆弧的图形上	

项　目	基本规则	图　例
直径与 半径	③ 在图纸范围内无法标出圆心位置时，可按图（a）标注；不需标出圆心位置时，可按图（b）标注	R100　　　　　　R100 （a）　　　　　　　（b）
球面	① 标注球面的直径和半径时，应在"ϕ"或"R"前加注"S"	$S\phi30$　　　　$SR30$
	② 对于螺钉、铆钉的头部、轴及手柄的端部，在不致引起误解的情况下可省略"S"	$R8$
角度	① 角度的尺寸界线沿径向引出，尺寸线是以角的顶点为圆心的圆弧	54°　　15° 60° 75° 10° 20°
	② 角度的尺寸数字一律水平书写，一般写在尺寸线的中断处，必要时允许写在外面，或引出标注	

4.4　踢球图标

 例

绘制如图4-34所示的踢球图标。

① 打开AutoCAD 2016，设置好合适的图层。

② 打开"标注样式管理器"对话框，在尺寸标注下新建半径和直径，并依次设置标注样式，具体更改如图4-35～图4-38所示。

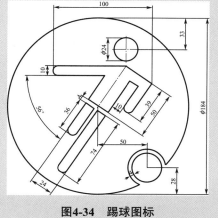

图4-34　踢球图标

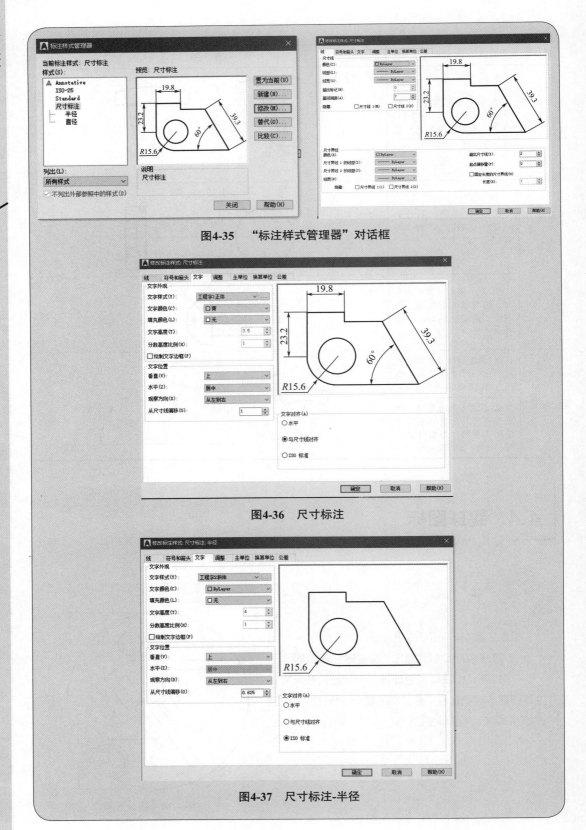

图4-35 "标注样式管理器"对话框

图4-36 尺寸标注

图4-37 尺寸标注-半径

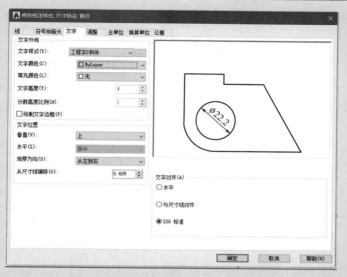

图4-38　尺寸标注-直径

③ 设置文字样式，如图4-39所示。

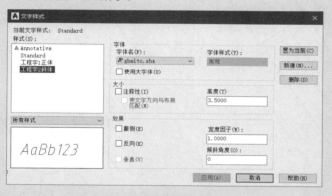

图4-39　设置文字样式

④ 绘制大小圆，如图4-40所示。

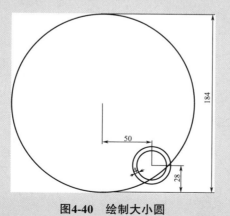

图4-40　绘制大小圆

⑤ 使用偏移命令，将小圆偏移4，如图4-41所示。

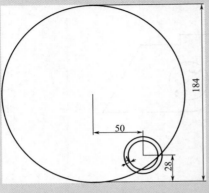

图4-41　偏移

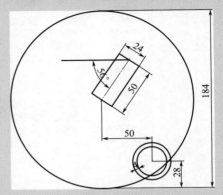

图4-42　绘制线段1

⑥ 根据尺寸绘制图，如图4-42～图4-46所示。

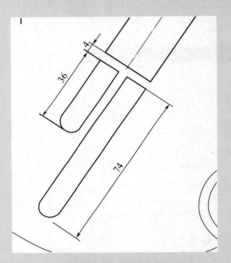

图4-43　绘制线段2

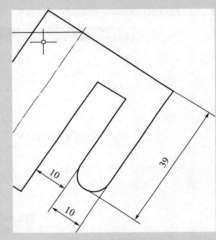

图4-44　绘制线段3

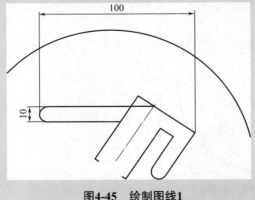

图4-45　绘制图线1

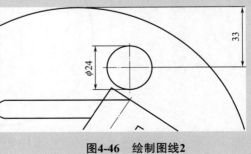

图4-46　绘制图线2

⑦ 使用"修剪"命令，将多余的线条修剪掉，如图4-47所示。

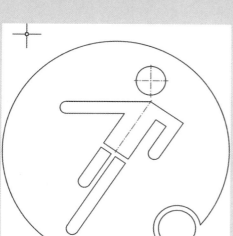

图4-47　完成图形

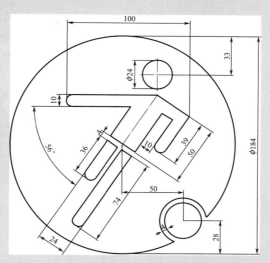

图4-48　尺寸标注

⑧ 尺寸标注，结果如图4-48所示。

⑨ 对图形进行填充，使用快捷命令"H"，如图4-49所示。最终填充效果为图4-50所示。

图4-49　填充

图4-50　完成

这样我们就完成了踢球图标的绘制。

4.5　轴承座

绘制如图4-51所示的轴承座。

步骤如下：

① 建立图层。以中心线作为当前层。绘制中心线、对称轴线，如图4-52所示。

② 绘制圆、半圆环。点击"圆"命令，绘制直径60mm的圆和直径70mm的圆，并绘制其投影，如图4-53所示。

③ 绘制主视图，如图4-54所示。

④ 绘制俯视图，如图4-55所示。

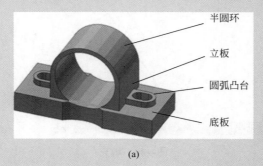

(a)

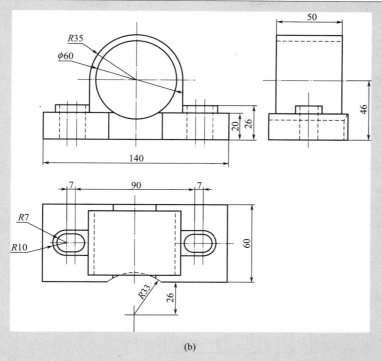

(b)

图4-51 轴承座

图4-52 绘制中心线、对称轴线

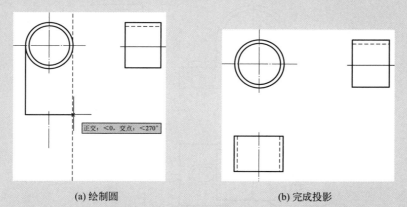

(a) 绘制圆   (b) 完成投影

图4-53 绘制圆及其投影

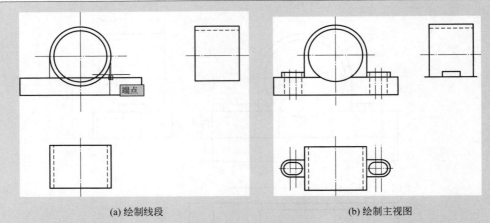

(a) 绘制线段　　　　　　　　　　　　　　(b) 绘制主视图

图4-54　绘制主视图

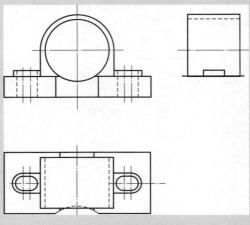

图4-55　绘制俯视图

⑤ 绘制左视图，如图4-56所示。

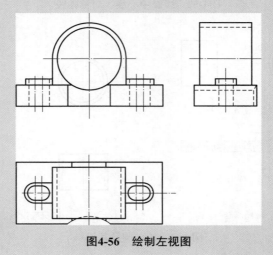

图4-56　绘制左视图

⑥ 尺寸标注。以尺寸标注作为当前层，标注尺寸，如图4-57所示。

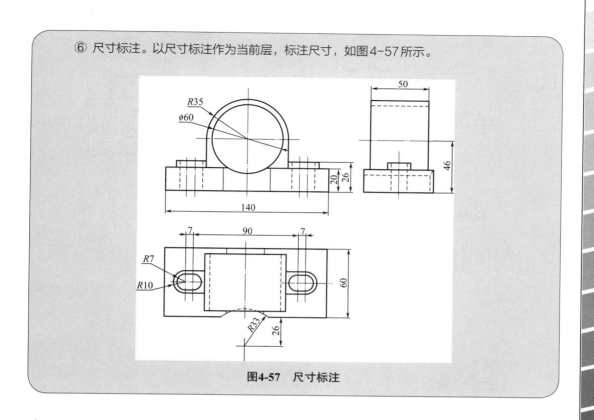

图4-57　尺寸标注

4.6　组合体

例

对图4-58所示组合体的视图（图4-59）进行尺寸标注。

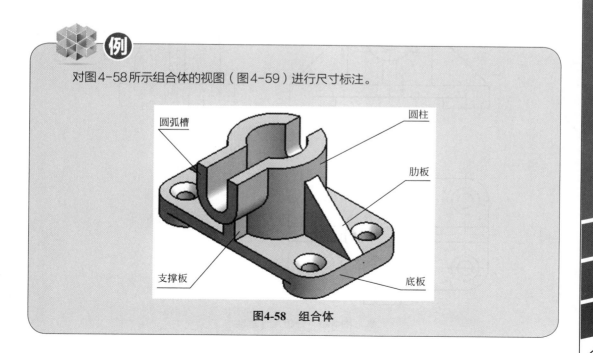

图4-58　组合体

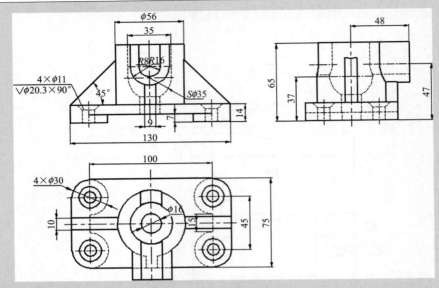

图4-59　组合体三视图

步骤如下：

① 建立尺寸图层。

② 设置线型尺寸标注样式。

③ 设置圆标注样式。

④ 设置角度标注样式。

⑤ 分析尺寸基准。三个方向的尺寸基准如图 4-60所示。

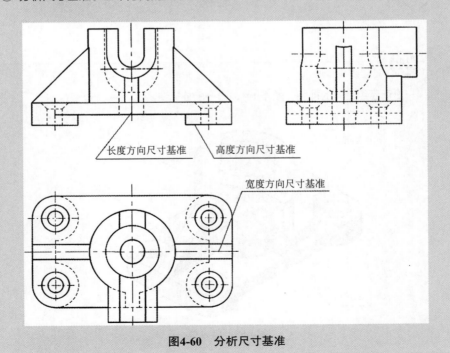

图4-60　分析尺寸基准

⑥ 标注定位尺寸，如图4-61所示。

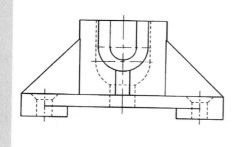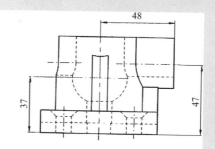

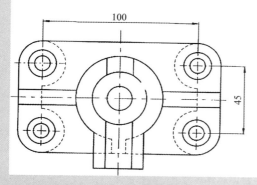

图4-61 组合体支架定位尺寸

⑦ 标注定型尺寸，如图4-62所示。

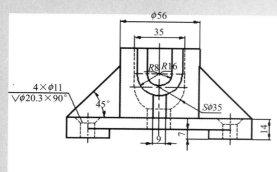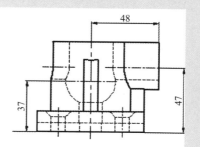

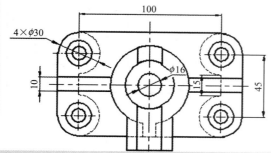

图4-62 标注定型尺寸

⑧ 标注总图尺寸，如图4-63所示。

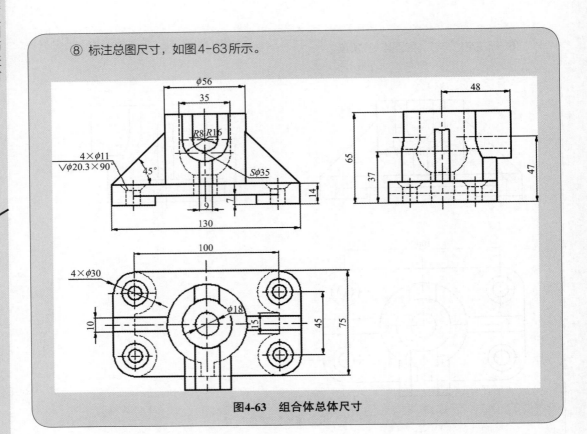

图4-63　组合体总体尺寸

──────── 习　　题 ────────

1. 绘制题图1所示底板，并标注尺寸。
2. 绘制题图2所示底板，并标注尺寸。

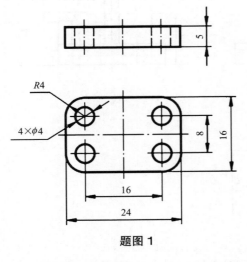

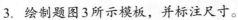

题图 1

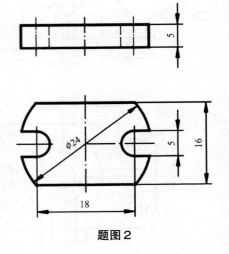

题图 2

3. 绘制题图3所示模板，并标注尺寸。

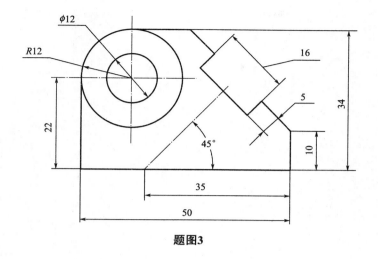

题图3

Par

threee

05

第5章

机构与三视图

学习目标：

1. 学习机构图的绘制。
2. 学习三视图的绘制。

5.1 单缸汽油发动机机构图

机构图是表示机器工作原理的示意图，学习机构图的组成和绘制，有助于了解设备的工作原理。

图5-1是单缸汽油发动机机构图，其绘制过程如下。

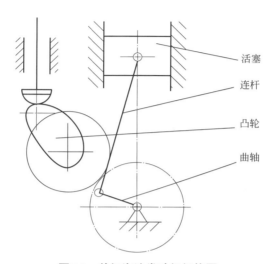

图5-1 单缸汽油发动机机构图

① 建立图层。

打开图层特性管理器，建立图层，以中心线作为当前层，如图5-2所示。

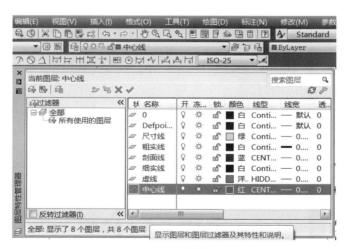

图5-2 图层

② 选择／命令，根据1∶1比例绘制中心线，如图5-3所示。

③ 绘制齿轮分度圆线，如图5-4所示。

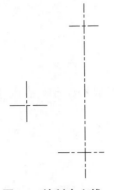

图5-3　绘制中心线

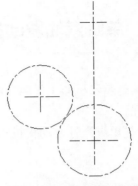

图5-4　绘制齿轮分度圆线

④ 点取⊙命令，绘制铰链中心圆，如图5-5所示。

⑤ 绘制固定铰链，如图5-6所示。要求斜线间隔均匀。

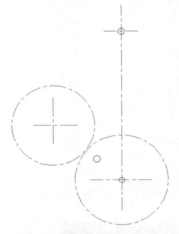

图5-5　绘制铰链中心圆

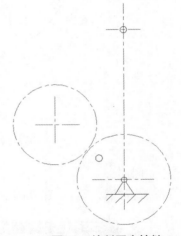

图5-6　绘制固定铰链

⑥ 以粗实线作为当前层，如图5-7所示。绘制活塞，如图5-8所示。
注意细实线要求间隔均匀。

⑦ 绘制连杆曲轴，注意连杆与齿轮分度圆相切，如图5-9、图5-10所示。

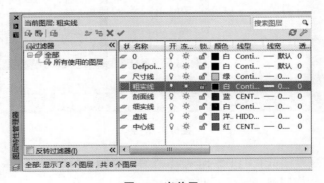

图5-7　当前层

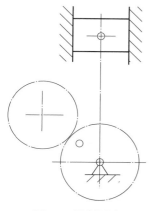

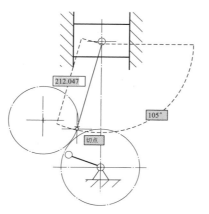

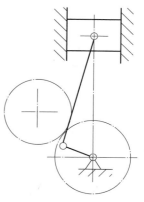

图5-8　绘制活塞　　　　**图5-9　捕捉连杆与分度圆相切**　　　　**图5-10　绘制连杆曲轴**

⑧ 绘制凸轮

凸轮各部分的尺寸可以自己设定。作者设定两个半径为30mm和18mm的圆。作图步骤如下：

a. 以 O_1、O_2 为圆心，R_1=30mm、R_2=18mm 为半径绘制圆，如图5-11所示。

b. 以 O_1 为圆心，半径 R=90mm−30mm 为半径画圆。以 O_2 为圆心，半径 R=90mm−18mm 为半径画圆。两圆交于 O_3，如图5-12所示。

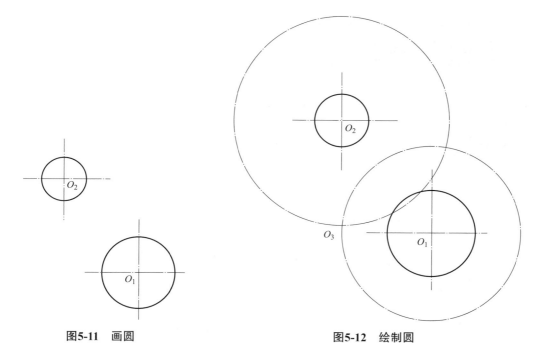

图5-11　画圆　　　　　　　　　　**图5-12　绘制圆**

c. 以 O_3 为圆心，画半径为90mm的圆，如图5-13所示。整理如图5-14所示。

d. 整理完成凸轮，如图5-15所示。

⑨ 将凸轮复制到合适位置，如图5-16所示。

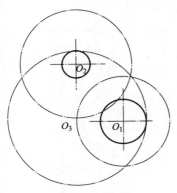

图5-13　画圆

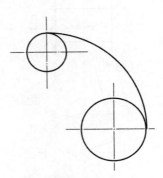

图5-14　整理

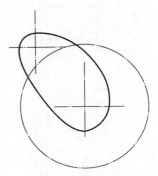

图5-15　整理完成

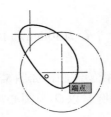

端点

选择对象：指定对角点：找到 37 个
选择对象：
当前设置：　复制模式 = 多个
COPY 指定基点或 [位移(D) 模式(O)]

(a) 选择基点

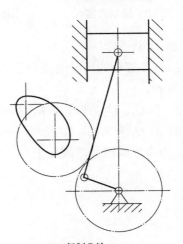

(b) 复制凸轮

图5-16　复制凸轮

⑩ 绘制圆，使之与凸轮相切，如图5-17所示。

⑪ 绘制气门，如图5-18所示。

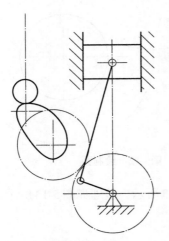

图5-17　绘制圆

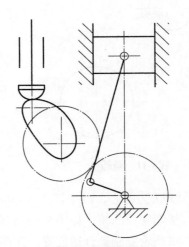

图5-18　绘制气门

⑫ 完成整理机构图，如图5-19所示。

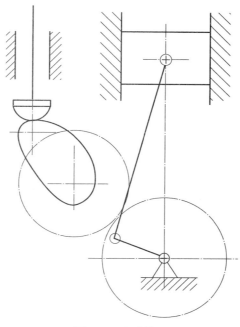

图5-19　完成整理

5.2　三视图

5.2.1　工艺品三视图

　　如图5-20所示为一个工艺品，试用AutoCAD绘制其三视图。

　　分析形体：工艺品是由底盘四方体和上方的圆柱组合成一体的。

　　用AutoCAD绘制三视图，首先绘制特征视图四方形底盘，依据三等关系绘制底盘的其他视图。

　　利用对象捕捉追踪功能，结合对象捕捉等辅助工具保证其"长对正"；再次利用对象捕捉追踪等功能画左视图，保证"宽相等""高平齐"。

　　绘图步骤如下：

　　① 建立图层。以中心线图层为当前层，在正交状态（图5-21）下，绘制对称线、中心线。

图5-20　工艺品

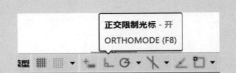

图5-21　正交状态

② 以粗实线层为当前层，打开对象捕捉追踪功能。给定尺寸，绘制特征视图、俯视图，如图5-22（c）、（d）所示。

③ 利用对象捕捉追踪功能，完成左视图的绘制，如图5-22（c）所示。

④ 剪切完成视图，如图5-22（d）所示。

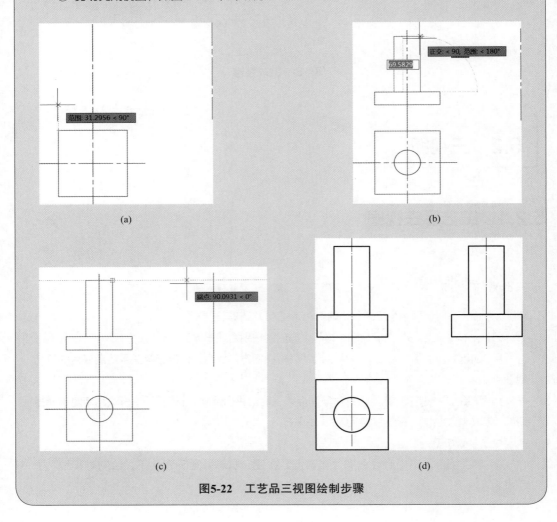

(a)

(b)

(c)

(d)

图5-22　工艺品三视图绘制步骤

5.2.2 底座三视图

 例

绘制如图5-23所示的底座三视图。

用AutoCAD绘制三视图，先画主视图和俯视图，利用对象捕捉追踪功能，结合对象捕捉等辅助工具保证其"长对正"；再次利用对象捕捉追踪等功能画左视图，保证"宽相等""高平齐"。

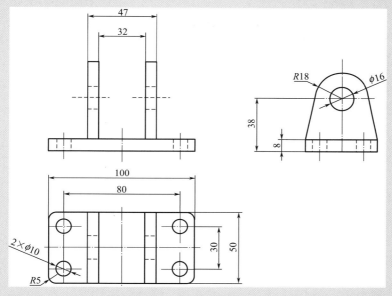

图5-23　底座三视图

画图步骤如下：

① 建立图层。参照5.2.1节的工艺品三视图。

② 画中心线，对称轴线。在正交状态下（图5-24）绘制中心线、对称轴线，如图5-25所示。

③ 画底座俯视图

在绘制过程中，要根据情况，随时调整正交极轴、对象捕捉追踪功能。

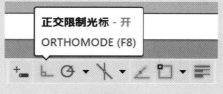

图5-24　正交状态

利用 ✏、⊙ 以及 ⚙ 命令绘制俯视图，如图5-26所示。

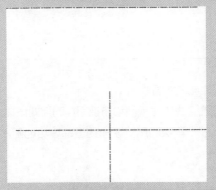

图5-25 画中心线、对称轴线

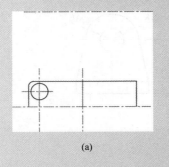

(a)

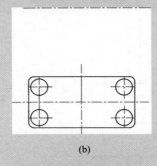

(b)

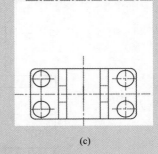

(c)

图5-26 画底座俯视图

④ 画左视图，如图5-27所示。

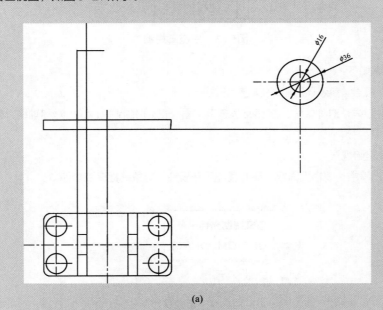

(a)

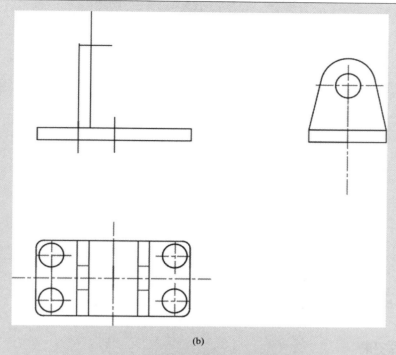

(b)

图5-27　画左视图

⑤ 画主视图，如图5-28所示。

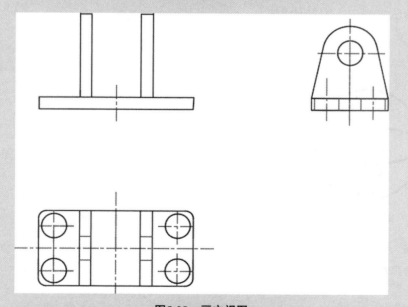

图5-28　画主视图

⑥ 修改底座4个孔的直径。从图5-28中我们发现底座的4个孔画大了，因此应修改孔尺寸，同时修改视图中对应的投影，如图5-29所示。

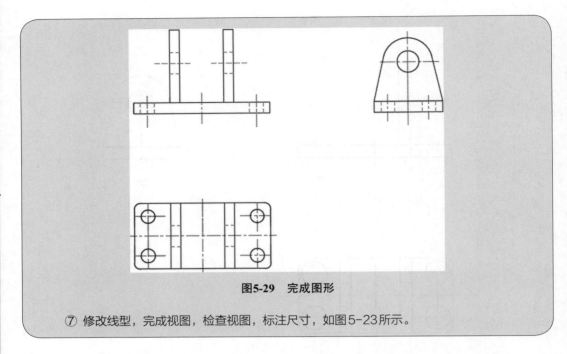

图5-29　完成图形

⑦ 修改线型，完成视图，检查视图，标注尺寸，如图5-23所示。

5.2.3　彩球

例

对图5-30所示球进行颜色填充。

图5-30　球　　　　　　　　　　　　　图5-31　填充图标

步骤：打开填充功能图标如图5-31所示，出现图5-32所示对话框。选择不同的颜色和封闭性边界如图5-33所示。填充颜色，如图5-34所示。

图5-32　填充对话框

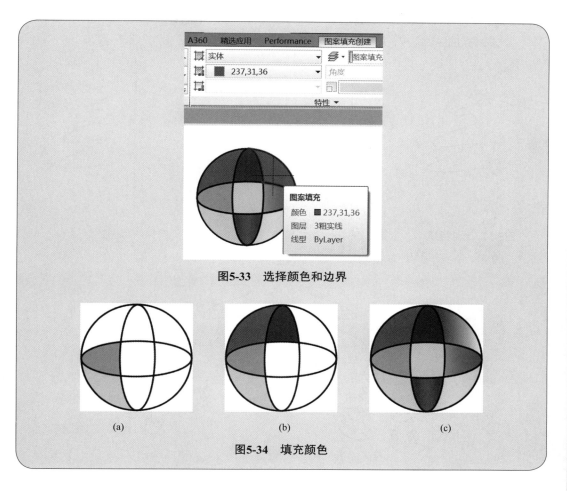

图5-33　选择颜色和边界

(a)　　　　　　　　　　　(b)　　　　　　　　　　　(c)

图5-34　填充颜色

5.2.4　重尊

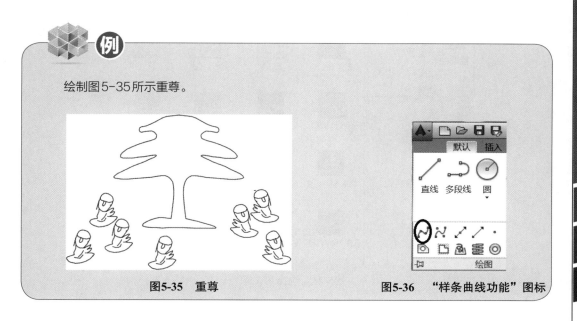

绘制图5-35所示重尊。

图5-35　重尊

图5-36　"样条曲线功能"图标

选择样条曲线功能 ✍，如图5-36所示。绘制重尊的步骤见图5-37～图5-42。

图5-37　绘制图形

图5-38　选择镜像

图5-39　镜像

图5-40　完成绘图

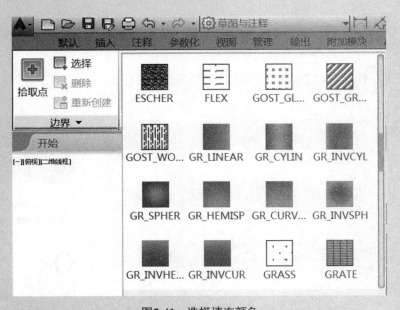

图5-41　选择填充颜色

图5-42　填充颜色

———— 习　　题 ————

1. 绘制题图1所示的推钢机机构图。

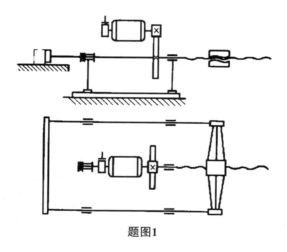

题图1

2. 绘制题图2、题图3所示的视图。

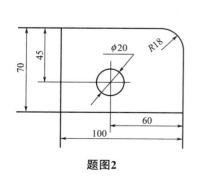

题图2

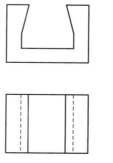

题图3

3. 绘制题图4所示的带式运输机的传动装置机构图。

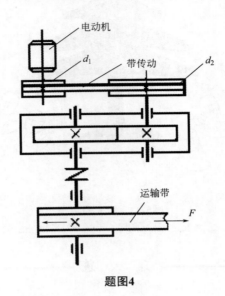

题图4

4. 将题图5画成三视图。

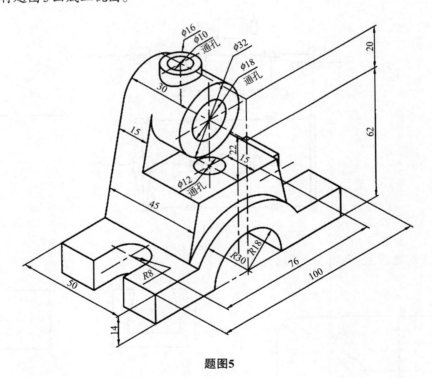

题图5

06

第6章

标准件与机械结构简图

学习目标：

1. 学习轴承、端盖的画法。

2. 学习键槽画法。

3. 学习镜像、倒角、基点复制应用。

4. 学习填充功能。

5. 学习机械结构简单装配图的绘制。

图6-1所示为机械结构简图。该结构由基座、轴、轴承、左端盖、右端盖、密封垫片、密封圈等组成。绘制该图时，分别按照零件绘制，然后组装在一起。

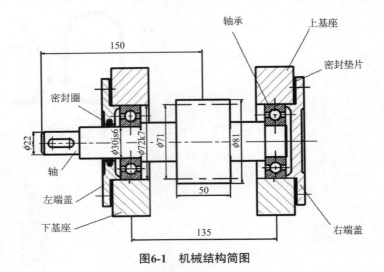

图6-1　机械结构简图

绘图点拨

轴承属于标准件。

6.1　轴承

根据图6-1，从手册中查得使用轴承为6306深沟球轴承，内径ϕ30mm，外径ϕ72mm，宽度19mm。我们先绘制该轴承。

① 打开图层特性管理器，建立图层，如图6-2所示。

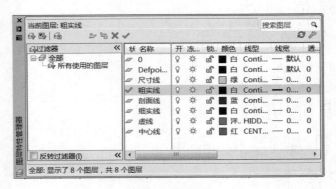

图6-2　建立图层

② 中心线。以中心线为当前层，绘制中心线，如图6-3所示。

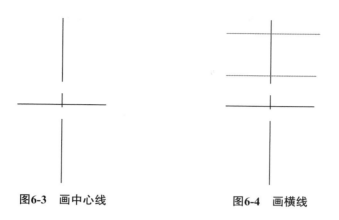

图6-3　画中心线　　　　　　　　　图6-4　画横线

③ 画横线。离开中心点向上取15mm的距离画横线，取十字中心点向上36mm的距离画横线，如图6-4所示。

④ 画外形。在交点，取宽度9.5mm，画外轮廓线，如图6-5所示。利用镜像命令，选择上外形，回车，选择镜像轴线两个端点，如图6-6所示。回车，如图6-7所示。

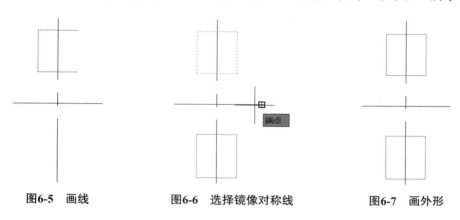

图6-5　画线　　　　　图6-6　选择镜像对称线　　　　　图6-7　画外形

⑤ 画圆。选择中点，画中心线，并画直径10.5mm的圆，如图6-8所示。

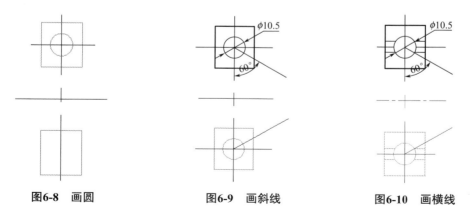

图6-8　画圆　　　　　图6-9　画斜线　　　　　图6-10　画横线

⑥ 画斜线。选择球心，在极轴状态下画斜线并镜像，然后画横线，如图6-9、图6-10所示。

⑦ 画剖面线。利用▦命令，选取方向、间距，画剖面线，然后完成填充，如图6-11所示。

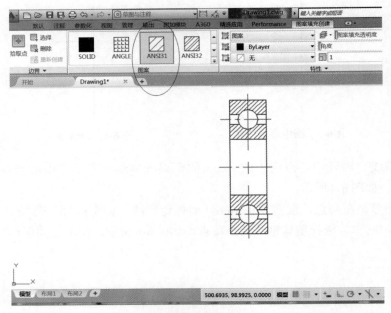

图6-11 整理完成

6.2 右盖

根据图6-1，绘制右盖。右盖如图6-12所示。

① 画中心线。绘制距离50mm的中心线 ，如图6-13所示。

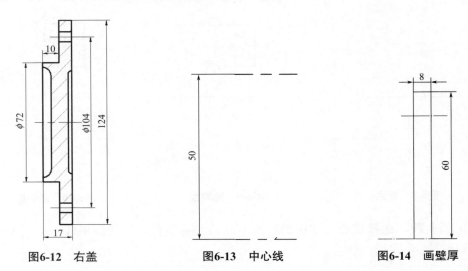

图6-12 右盖　　　　　图6-13 中心线　　　　　图6-14 画壁厚

② 画壁厚。利用直线命令，绘制长60mm、宽8mm的线段，如图6-14所示。

③ 利用打断点命令，截取25mm线段、30mm线段，用✛命令，线段向左移动2mm，如图6-15所示。

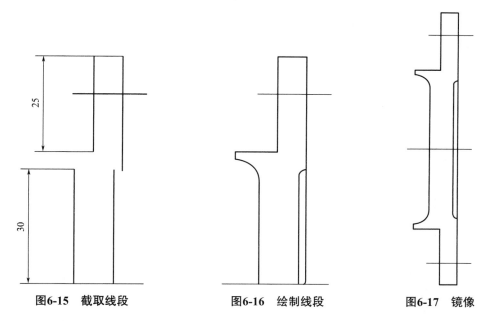

图6-15　截取线段　　　　　图6-16　绘制线段　　　　　图6-17　镜像

④ 画凸台。画凸台的横线，然后在适当处画斜线，用⬭命令倒圆弧，如图6-16所示。镜像，如图6-17所示。

⑤ 完成整理。利用🔲命令绘制剖面线，如图6-18所示。整理完成，如图6-19所示。

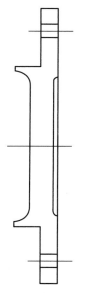

图6-18　绘制剖面线

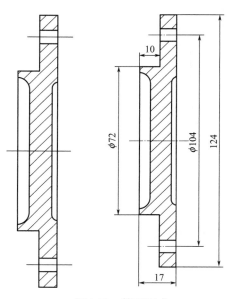

图6-19　整理完成

6.3 左盖

① 用 ○ 命令，选择图 6-19 所示的右盖，然后选择基点，如图 6-20 所示，输入 180，回车，如图 6-21 所示。

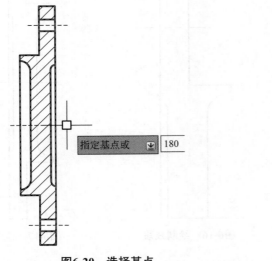
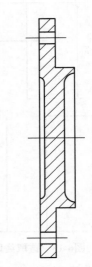

图6-20 选择基点   图6-21 完成

② 画梯形槽。用 ✐ 命令删除剖面线，画横线，如图 6-22 所示。选择横线中点画对称辅助线竖线，绘制梯形槽线，如图 6-23 所示。选择 ⼩ 命令进行镜像，如图 6-24 所示。

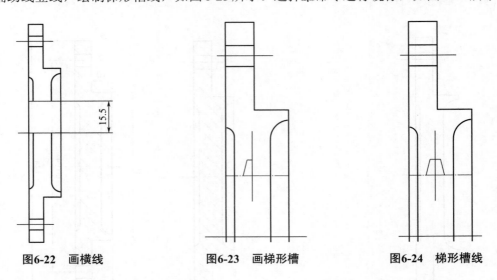

图6-22 画横线   图6-23 画梯形槽   图6-24 梯形槽线

③ 镜像整理。选择 ⼩ 命令进行镜像，如图 6-25 所示。选择填充命令 ▦ 绘制剖面线，如图 6-26 所示。

④ 整理完成，如图 6-27 所示。

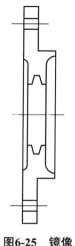
图6-25　镜像

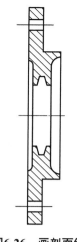
图6-26　画剖面线

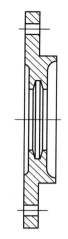
图6-27　整理完成

6.4　轴

① 打开图层特性管理器，建立图层。

② 画中心线。以中心线为当前层，画中心线，如图6-28所示。

图6-28　画中心线

③ 画轴。选择直线命令，在正交状态下，鼠标向上拉，输入11，如图6-29所示，回车，继续向右拉，输入35，回车。

图6-29　画线

在正交状态下，鼠标向上拉，输入4，回车，继续向右拉，输入57，回车。

鼠标向上拉，输入4，回车，继续向右拉，输入33，回车。

鼠标向上拉，输入21.5，回车，继续向右拉，输入50，回车。

鼠标向下拉，输入21.5，回车，继续向右拉，输入33，回车。

鼠标向下拉，输入4，回车，继续向右拉，输入20，回车。鼠标向下拉，输入15，回车，如图6-30所示。

图6-30　绘制轴上部

④ 镜像。选择镜像命令 ⚹，选择图6-30中绘制的轴段线，如图6-31所示，以轴线为镜像轴，回车得到图6-32所示图形。

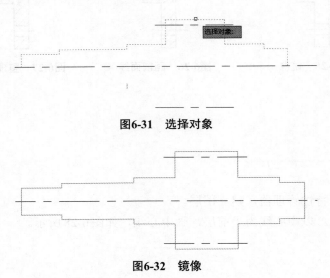

图6-31　选择对象

图6-32　镜像

⑤ 画键槽。画中心线，根据轴直径选择肩宽，绘制圆半径 $R=4$mm，如图6-33所示。

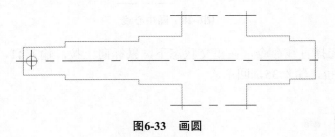

图6-33　画圆

利用复制命令 ⚹，选择圆，选择基点圆心，如图6-34所示，右移16mm，回车，如图6-35所示。整理完成，如图6-36所示。

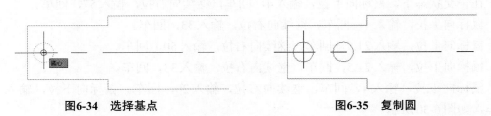

图6-34　选择基点　　　　　　　　　　　图6-35　复制圆

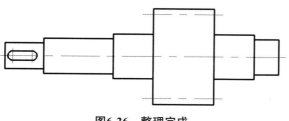

图6-36　整理完成

6.5　机械结构简图

（1）复制轴承

在绘制轴的当前环境下，将绘制的轴承复制，选择端点（基点），如图6-37、图6-38所示。复制粘贴完成左轴承，如图6-39所示，同理，选择左边基点，复制粘贴完成右轴承，如图6-40所示。

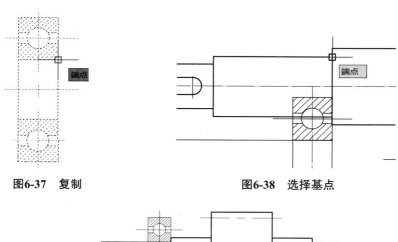

图6-37　复制　　　　　　　　　　　　　　图6-38　选择基点

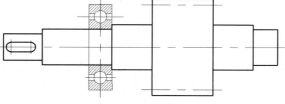

图6-39　复制左轴承

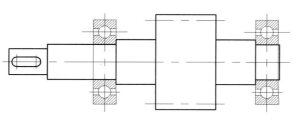

图6-40　复制右轴承

（2）画基座

上下基座为结构示意图，没有尺寸，可以根据轴承结构设计尺寸。利用╱命令绘制箱体，如图6-41所示。利用▨命令画剖面线，如图6-42所示。

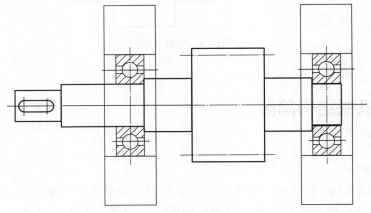

图6-41　绘制箱体

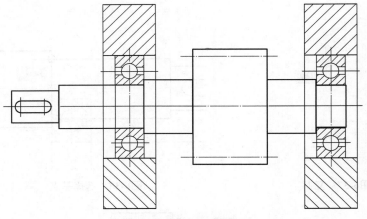

图6-42　绘制上下箱体剖面线

 绘图技巧

根据轴尺寸结构特点，箱体应该设计成上下箱体，所以剖面线不一致。

（3）复制右盖

选择基点复制，如图6-43所示。选择基点粘贴，如图6-44所示。回车完成复制，如图6-45所示。

（4）复制左盖

选择基点复制，如图6-46所示。选择基点粘贴，如图6-47所示。回车完成复制，如图6-48所示。

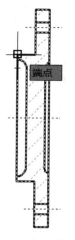

图6-43 选择基点复制

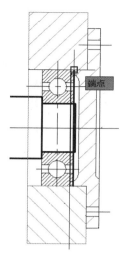

图6-44 选择基点粘贴

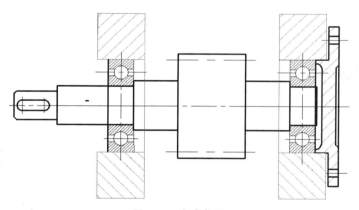

图6-45 完成复制

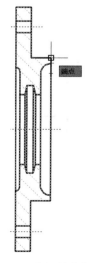

图6-46 选择基点复制

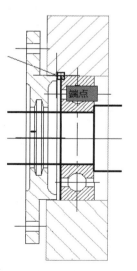

图6-47 基点粘贴

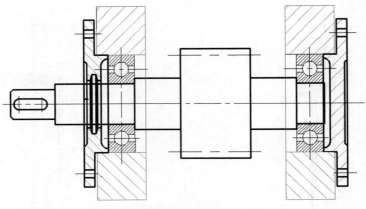

图6-48　完成复制

（5）填充

选择填充图案，如图6-49所示。完成填充，如图6-50、图6-51所示。

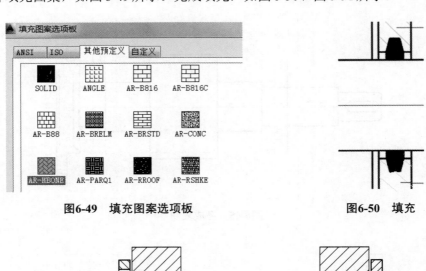

图6-49　填充图案选项板　　　　　　　**图6-50　填充**

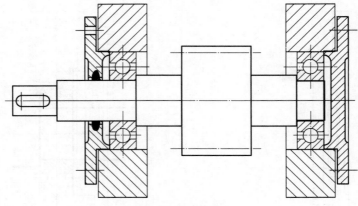

图6-51　完成填充

（6）整理线型

利用特性匹配[图标]整理线型，完成图形，如图6-52所示。

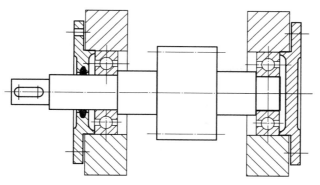

图6-52　完成结构示意图

（7）尺寸标注

对图形进行尺寸标注，见图6-53。

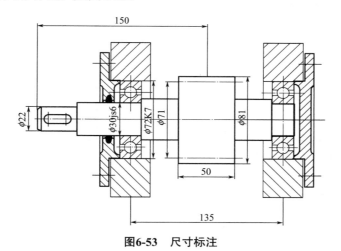

图6-53　尺寸标注

6.6　螺栓

标准件 M16×45 的普通螺栓，如图6-54所示。

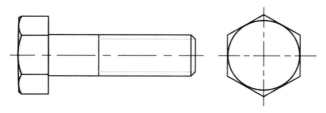

图6-54　M16×45普通螺栓

螺栓属于国家标准件，查手册，公称直径 d=M16，长度为45mm，螺纹长度为38mm，如图6-55所示。

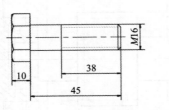

图6-55 尺寸

画图步骤如图6-56所示。

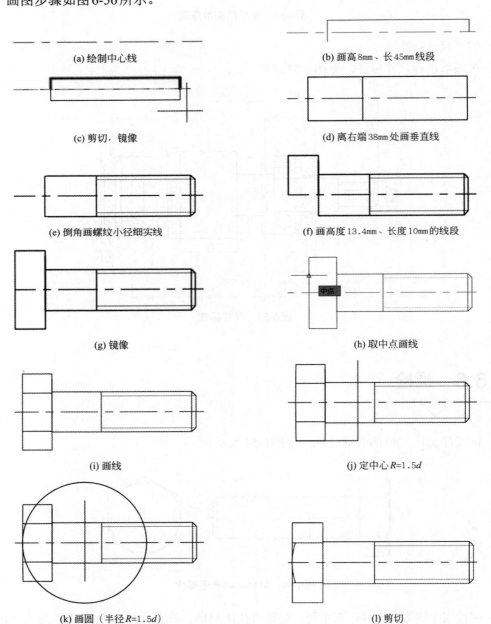

(a) 绘制中心线   (b) 画高8mm、长45mm线段

(c) 剪切，镜像   (d) 离右端38mm处画垂直线

(e) 倒角画螺纹小径细实线   (f) 画高度13.4mm、长度10mm的线段

(g) 镜像   (h) 取中点画线

(i) 画线   (j) 定中心 $R=1.5d$

(k) 画圆（半径 $R=1.5d$）   (l) 剪切

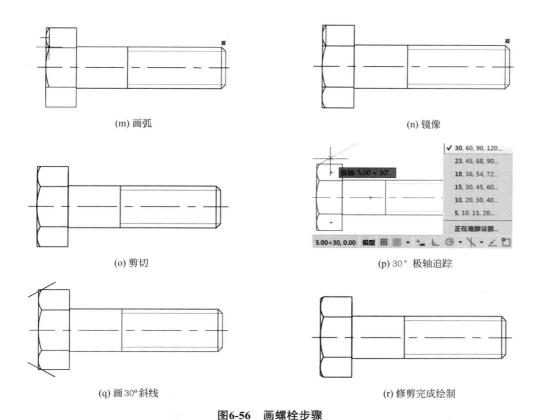

(m) 画弧

(n) 镜像

(o) 剪切

(p) 30° 极轴追踪

(q) 画30º斜线

(r) 修剪完成绘制

图6-56　画螺栓步骤

画螺栓头部：画中心线，画直径24mm的圆，点击 多边形 图标，选取中心，输入边

数，显示外切图示，如图6-57所示，点击确定完成螺栓头部的绘制。

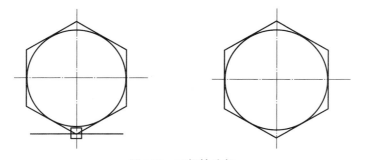

图6-57　画螺栓头部

6.7　果汁杯

果汁杯图标如图6-58所示。

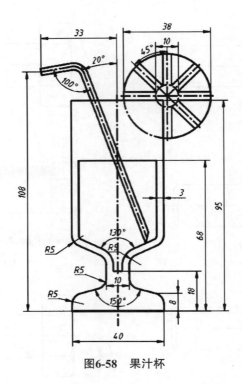

图6-58　果汁杯

绘制步骤：

① 打开 AutoCAD 2016。

② 点击菜单栏中的"格式"，设置好合适的图层。

③ 同样点击菜单栏的"格式"新建尺寸标注，在尺寸标注下新建半径和直径，并依次设置标注样式。

④ 设置文字样式。

⑤ 绘制果汁杯外部轮廓，如图6-59所示。

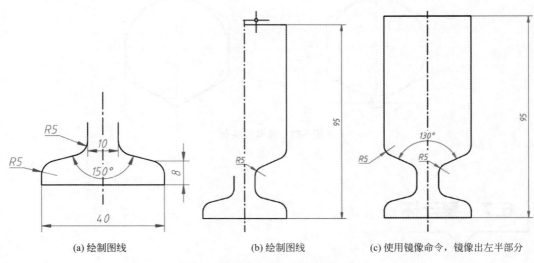

(a) 绘制图线　　　　　　　(b) 绘制图线　　　　(c) 使用镜像命令，镜像出左半部分

图6-59　绘制果汁杯外部轮廓

⑥ 使用偏移命令将果汁杯里面的部分绘制，如图6-60所示。画圆及其内部一部分图形，如图6-61所示。

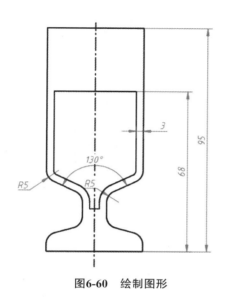

图6-60　绘制图形

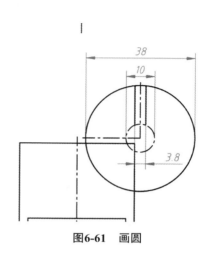

图6-61　画圆

⑦ 使用"阵列"命令中的环形阵列，阵列出圆中其他的图形，再修改线型，如图6-62所示。

⑧ 使用偏移命令做出吸管，如图6-63、图6-64所示。

⑨ 进行标注，结果如图6-65所示。

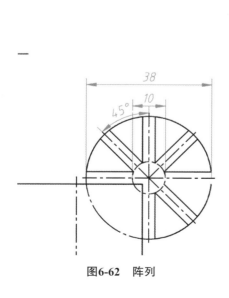

图6-62　阵列

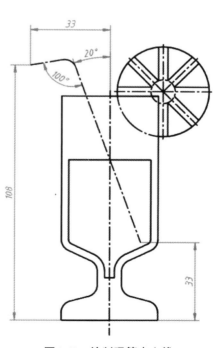

图6-63　绘制吸管中心线

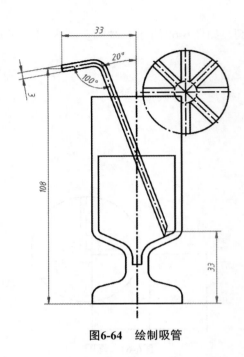

图6-64　绘制吸管

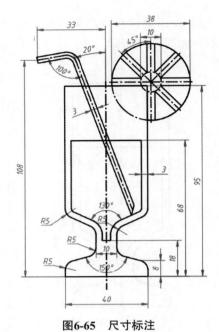

图6-65　尺寸标注

⑩ 接下来为果汁杯填充颜色，如图6-66所示。

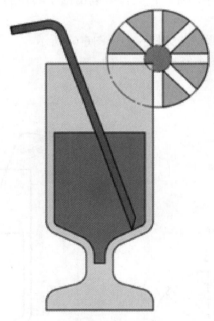

图6-66　填充颜色

— 习　　题 —

1. 绘制题图1图形。尺寸按照视图比例发大2倍量取。

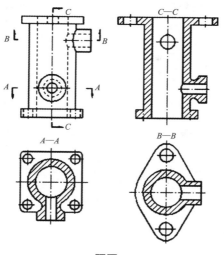

题图1

2. 绘制题图2所示的结构简图。

3. 绘制题图3所示的结构简图，尺寸按照视图比例发大2倍量取。

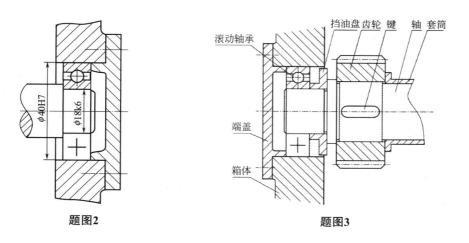

题图2 　　　　　　　　　　**题图3**

4. 对题图4所示图形进行改观设计，并进行图案填充。

题图4

Par

t four

第 4 篇

机器与零件
图样的表达

07

第7章

图样与零件

块与零件

学习目标：

1. 熟悉块的设置和应用。

2. 掌握图框的绘制。

3. 熟悉文字的命令。

4. 结合发动机轴，掌握机械工程中轴类零件的结构特点和绘图特点，学习掌握AutoCAD的基本绘图和修改命令。

7.1 图块和块属性

块是一组由用户定义的图形对象的集合，利用AutoCAD提供的块功能，可以将重复使用的图形对象预先定义成块，在使用的时候只需要在相应的位置插入它们即可，从而大大提高了绘图的速度。

7.1.1 创建、使用和存储块

（1）创建块

"创建块"命令用于以对话框的形式创建块定义。

菜单栏中的"默认"菜单上块面板如图7-1所示。单击"创建块"按钮，弹出"块定义"对话框，如图7-2所示。在该对话框中，给出块的名称，指定基点并选择要转换为块的图形对象，然后单击"确定"按钮即可完成块的定义。

图7-1　创建块

图7-2　"块定义"对话框

该对话框中一些选项的功能如下：

①"名称"：块的名称可以是中文或由字母、数字、下划线构成的字符串。块名称及块定义保存在当前图形中。

②"基点"选项组：指定块的基准点，即块插入时的参考点。可以直接输入点的坐标或者单击"拾取点"按钮在屏幕上拾取。

③"对象"选项组：选择要定义为块的图形对象。

单击"选择对象"按钮，在屏幕上选取需要构成块的图形对象，选择完毕后，重新显示对话框，并在选项组最下一行显示"已选择X个对象"。

"保留"单选按钮表示保留构成块的对象。

"转换为块"单选按钮表示将选取的图形对象转换为插入的块；

"删除"单选按钮表示定义块后，将删除生成块定义的对象。

④"块单位"下拉列表框：用于设定块插入的单位。

⑤"说明"列表框：对所定义块的用途、用法等的说明。

（2）插入块

"插入块"命令用于将块按照指定位置插入到当前图形中。单击"块"功能面板上的"插入块"按钮，启动该块命令，弹出对话框，如图7-3所示。

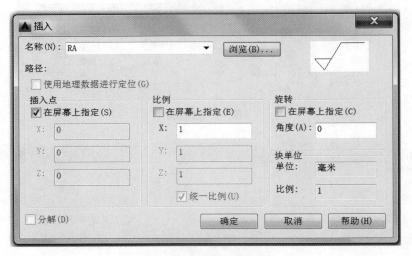

图7-3　"插入"对话框

该对话框各选项的功能如下：

①"名称"：选择要插入块的名称。此处下拉列表中列出的块都是"内部块"，如果要选择一个"外部块"，则单击"浏览"按钮，从弹出的"选择文件"对话框中进行选择。

②"插入点"选项组：指定插入点，可以直接输入点的坐标或通过鼠标在屏幕上指定。

③"比例"选项组：设置块插入的比例，默认在3个方向上都为1：1。可以直接输入比例数值或者通过在屏幕上拖动鼠标来确定。

④"旋转"选项组：设置块插入时选择的角度。

⑤"分解"复选框：如果选中该复选框，则插入后的块将自动被分解为多个单独的对象，而不再是整体的块对象。

7.1.2　编辑和管理块

（1）定义块属性

块除包含图形对象以外，还可以具有非图形信息。块的这些非图形信息，称为块的属性，它是块的组成部分，与图形对象一起构成一个整体。在插入块时，AutoCAD把图形对象连同其属性一起插入到图形中。

一个属性包括属性标记和属性值两方面的内容。属性定义好后，以其标记在图形中显示出来，而把有关信息保存在图形文件中。在插入这种带属性的块时，AutoCAD通过属性提示要求输入属性值，块插入后，属性以属性值显示出来。因此，同一个块在不同的插入点可以具有不同的属性值。若在定义属性时，把属性值定义为常量，则系统不询问属性值。

块插入后，可以对其属性进行编辑，还可以把属性单独提取出来写入文件，以供统计、制表，或与其他高级语言和数据库进行数据通信。

点击块编辑器，如图7-4所示，弹出"编辑块定义"对话框，如图7-5所示，输入要创建或编辑的块，确定后，弹出图7-6所示对话框。在此对话框中选择属性定义，弹出"属性定义"对话框，在此对话框中可以对块进行属性定义，如图7-7所示。

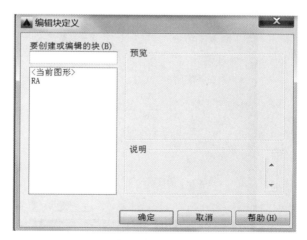

图7-4　块编辑器　　　　　　图7-5　"编辑块定义"对话框

"属性定义"对话框中各选项的功能如下：

①"模式"选项组：用于定义属性的模式。其中"不可见"复选框表示属性值不直接显示在图形中；"固定"复选框表示属性值是固定不变的，不能更改；"验证"复选框表示在插入块时可以更改属性值，并要求用户进行验证，通常采用此模式；"预设"复选框表示在插入块时不能更改属性值，但是可以通过修改属性的办法来修改。

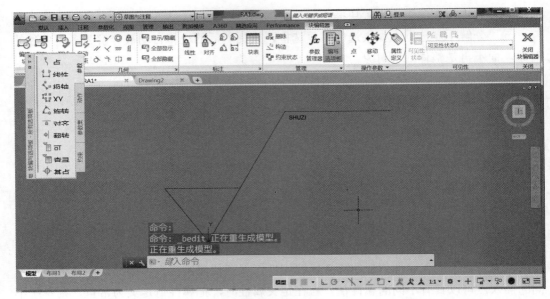

图7-6　定义属性

图7-7　"属性定义"对话框

②"属性"选项组：用来定义属性。在"标记"和"默认"文本框中分别输入属性
标记和属性默认值，"标记"文本框不能空白；在"提示"文本框中输入在命令行显示
的提示信息。

③"插入点"选项组：通过鼠标在屏幕上选取或者直接输入坐标来确定文本在图形
中的位置。

④"文字设置"选项组：用于定义文字的对正方式、文字样式、文字高度和旋转角度。

⑤"在上一个属性定义下对齐"复选框：表示在上一个属性文本的下一行对齐，并使用与上一个属性文本相同的文字选项。选中该选项后，插入点和文字选项不能再定义。

（2）保存块

WBLOCK命令可以用来将当前图形中的块或指定图形保存为图形文件，以便其他图形文件调用。启动该命令后，将弹出如图7-8所示的"写块"对话框。

比较"写块"和"块定义"对话框可以看出，两者的主要区别在于：在"写块"对话框中多出了"文件名和路径"下拉列表框，需要指定该"块"存储在硬盘上的位置，因此称之为"外部块"，而"块定义"制作的称为"内部块"。实质上，"外部块"就是一个图形文件，在保存为块文件后其文件名的扩展名为dwg。从这个意义上说，可以将任意的图形文件作为块插入到其他文件中去。

图7-8　"写块"对话框

7.1.3　插入块

制作如图7-9所示的粗糙度符号，粗糙度值定义为块属性并保存，然后将其插入到图7-10所示的图形中。

图7-9　粗糙度符号

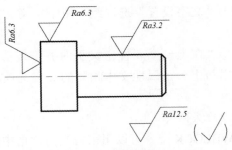

图7-10　粗糙度标注

步骤如下：

① 绘制表面粗糙度基本符号，如图7-11所示。

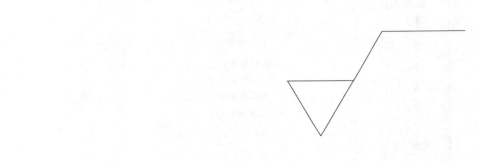

图7-11　绘图

② "创建块"。点击"创建块"按钮，将图7-11中所绘图形创建为块。块名为粗糙度1，如图7-12所示。指定插入基点，如图7-13所示。

③ 定义属性。

点击块编辑器，弹出"编辑块定义"对话框，如图7-14所示，选择要编辑的块，填写属性标记等，如图7-15所示，确定回车。写入标记如图7-16所示。

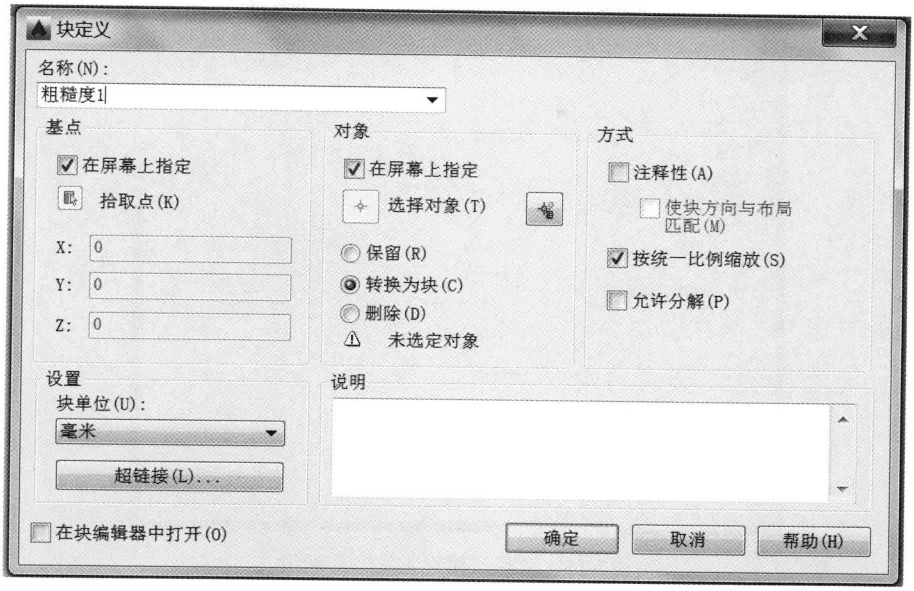

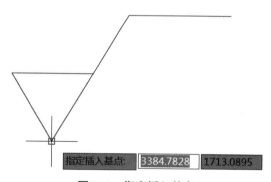

图7-12 创建块

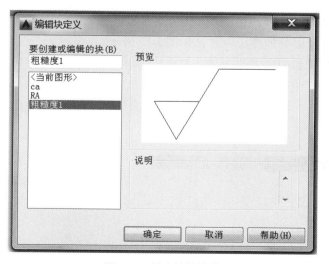

指定插入基点： 3384.7828 1713.0895

图7-13 指定插入基点

图7-14 创建编辑的块

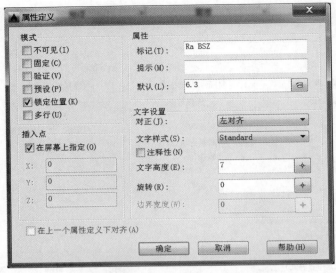

图7-15　填写"属性定义"对话框

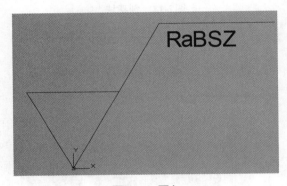

图7-16　写入

④ 插入块。

点击插入块按钮，选择块粗糙度1作为块对象，插入时，点击鼠标右键，选择合适的比例，写入到已经画好的图形位置，如图7-17所示。

在增强特性编辑器中可以改变尺寸大小和倾斜角度，对块进行局部调整。

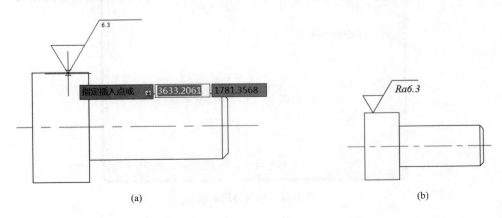

(a)　　　　　　　　　　　　　　　　　　　　(b)

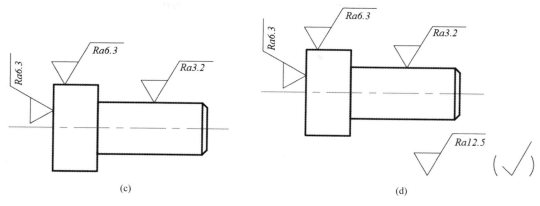

(c)   (d)

图7-17　插入块

7.2　绘制图框、标题栏

　　绘图时一般先画零件图的图框和标题栏，再画零件图，但有时为了方便起见，也可以先画图，再根据图的大小，选定合适的图框和标题栏。

7.2.1　图幅图框

（1）图纸幅面

　　图纸幅面是指由图纸长度和宽度组成的图面。绘制图样时，应优先采用表7-1中规定的基本幅面。必要时，可按规定加长幅面，需要时可查阅有关标准。

表7-1　图纸幅面及图框尺寸   mm

幅面代号		A0	A1	A2	A3	A4
$B \times L$		841×1189	594×841	420×594	297×420	210×297
周边尺寸	a	25				
	c	10			5	
	e	20		10		

注：尺寸含义B、L、a、c、e见表7-2。

（2）图框格式

　　图纸上限定绘图区域的线框称为图框，必须用粗实线绘制。常用格式为装订型和非装订型两种，如表7-2所示，其尺寸按表7-1确定。

　　每张图样上都必须画出标题栏，用来表达零部件及其管理等信息。标题栏的位置一般位于图纸的右下角，底边与图框底边线重合，右边与图框右边线重合，如表7-2所示。国家标准GB/T 10609.1—2008《技术制图 标题栏》规定了标题栏的格式和尺寸。标题栏如图7-18所示。

表7-2　图框格式和边框画法

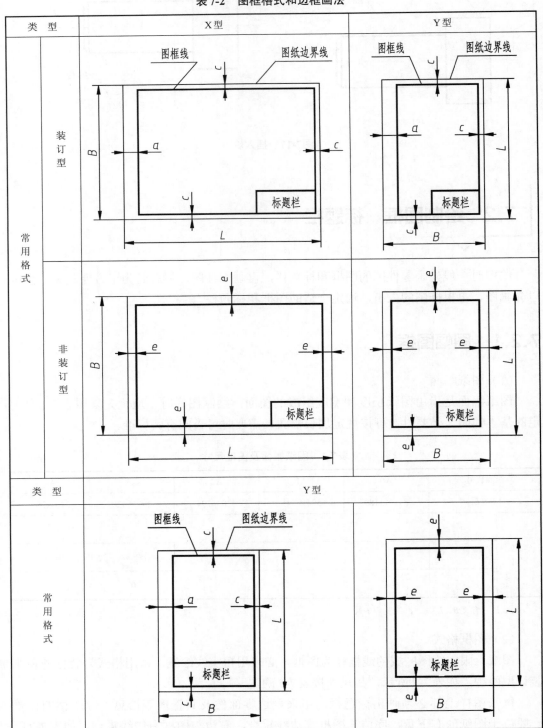

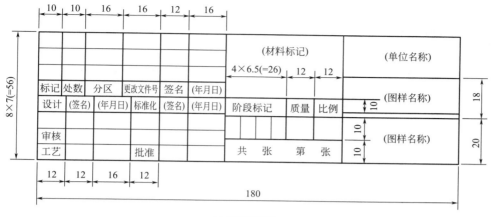

(a) 标准标题栏

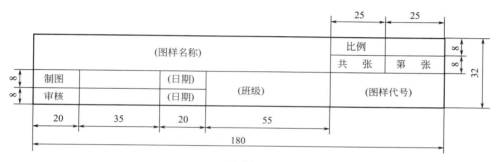

(b) 简单标题栏

图7-18　标题栏

7.2.2　标题栏字体

　　GB/T 14665—2012《机械工程 CAD制图规则》规定汉字一般采用正体（长仿宋体），而字母和数字应采用斜体。机械CAD制图的字高与文字用途和图纸幅面有关，字高如表7-3所示。

表7-3　文字高度　　　　　　　　　　　　　　　　　　　　　　　mm

字体	文字用途		A0	A1	A2	A3	A4
汉字、字母和数字	图形尺寸及文字		5		3.5		
	技术要求中内容						
	图样中零、部件序号		7		5		
	"技术要求"四字						
	标题栏	图样名称、单位名称、图样代号和材料标记	5				
		其他	3.5				
	明细表						

7.2.3 明细栏

装配图明细栏的格式与尺寸如图7-19所示 。明细栏置于标题栏的上方，并与标题栏相连。序号自下而上按顺序填写，若位置受限制，可移一部分紧接标题栏左侧继续填写。明细栏的序号应与该零件的序号一致。

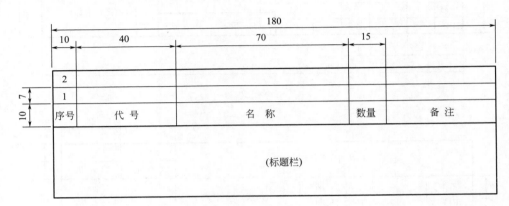

图7-19　装配图明细栏的格式与尺寸

7.2.4 绘制图框

① 绘制图纸边界线：启用"栅格捕捉"模式，使其状态栏上的按钮处于亮显状态。在图层管理器列表中，单击"细实线"层置为当前层，用 **直线** 命令绘制A3图纸的图纸边界线。

② 绘制图框线：用"偏移"命令绘制偏移距离为25mm和5mm的平行线，然后用"修剪"命令修剪多余的图线，并将图线改为粗实线；也可将"粗实线"置为当前

层，用  命令结合"捕捉自"模式绘制A3图纸幅面的图框线。

7.2.5 绘制标题栏

下面介绍绘制标题栏的步骤。

（1）绘制图线

① 在"图层特性管理"列表中单击"细实线"层置为当前层；执行 直线 命令结合对

象捕捉中的"捕捉自"模式绘制水平线；在修改功能面板中单击"偏移 ⚒"命令，绘制其水平线，用同样方法绘制竖直线。

② 单击"修剪"按钮，在绘图区域空白处右击，修剪掉多余的线。

③ 用"图层特性匹配"命令将图线修改为规定的线宽。

（2）输入标题栏的文字

① 将"文字和尺寸"层置为当前层，并将"工程字（正体）"文字样式置为当前。

② 在默认（注释）菜单栏上单击"多行文字 A 多行文字"按钮，或执行MTEXT命令，或在命令行中输入t，在标题栏中捕捉"设计"框格的左下角点和右上角点，弹出多行文字"在位文字编辑器"。

在"文字格式"面板上单击"多行文字对正"按钮，选择"正中MC"选项；在文字输入框中输入"设计"。单击"确定"按钮，完成注写文字"设计"，如图7-20所示。

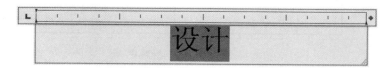

图7-20 写文字

③ 在修改功能面板单击"复制"按钮，将"设计"文字带基点复制到"审核"和"材料"等处，再双击复制后的"设计"文字，然后修改为"审核"。用同样方法填写其他文字内容。

将图7-17（d）绘制在合适的图框中，并绘制标题栏。

步骤如下：

（1）图框

将细实线层置为当前层，根据图形的大小，绘制420mm×297mm图框，启动"偏移 🔧"命令，左边偏移25mm，其他偏移5mm，将偏移的内框改为粗实线，如图7-21所示。

图7-21　画图框

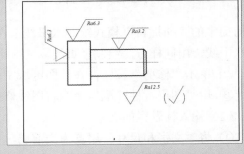

图7-22　图移到图框内

（2）标题栏

将图7-17（d）移到图框内，如图7-22所示。将实线层置为当前层，绘制标题栏，用匹配图层特性，确定线宽，如图7-23所示。

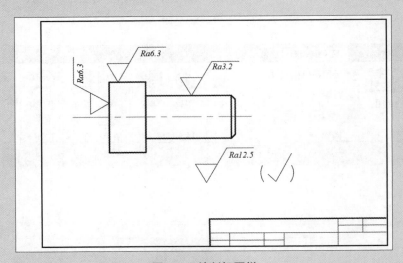

图7-23　绘制标题栏

（3）文字

点击"多行文字"按钮，如图7-24所示。输入文字"轴"，如图7-25所示。然后将文字"轴"移入标题位置，依次输入制图、审核、材料、比例，调整大小，移入合适正确位置，如图7-26所示。填写技术要求，如图7-27所示。

图7-24　"多行文字"按钮

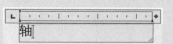

图7-25　输入文字

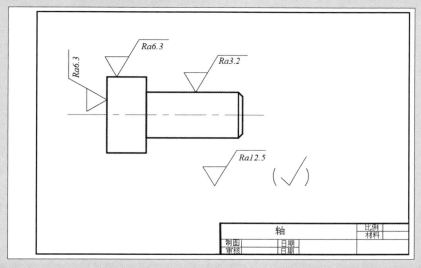

图7-26　标题栏

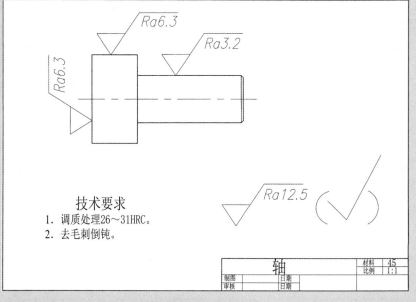

图7-27　标题栏

7.2.6 样板图框

在插入工具栏中，点击布局→来自样板的布局，如图7-28所示。确定后，出现样板文件，如图7-29所示。点击"*.dwt"文件，插入A1图框，如图7-30、图7-31所示。

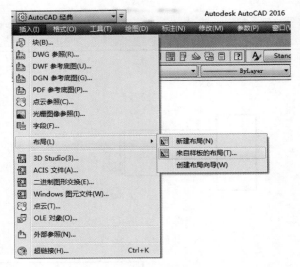

图7-28　布局

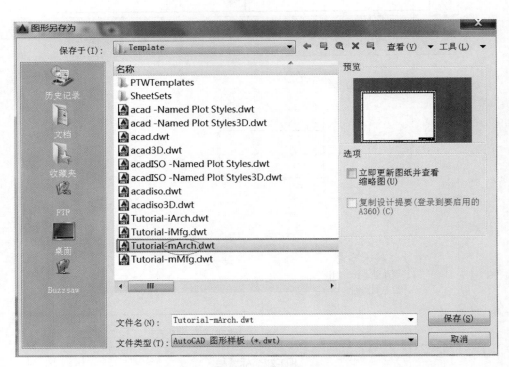

图7-29　样板文件

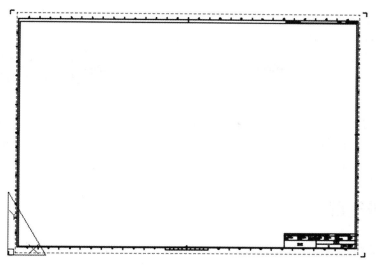

图7-30 A1图框样板

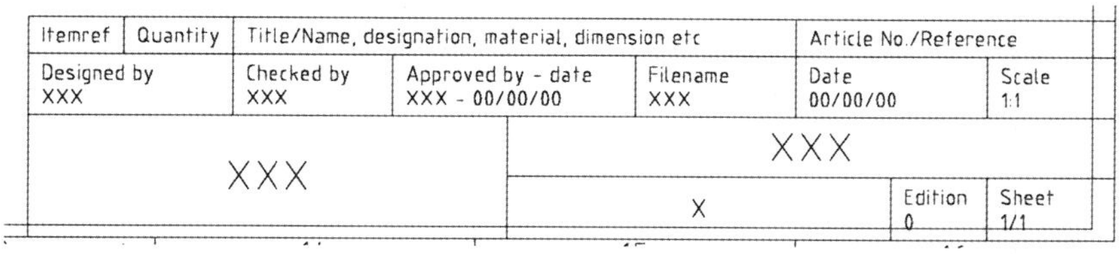

Itemref	Quantity	Title/Name, designation, material, dimension etc			Article No./Reference	
Designed by XXX	Checked by XXX	Approved by - date XXX - 00/00/00	Filename XXX		Date 00/00/00	Scale 1:1
XXX			XXX			
			X		Edition 0	Sheet 1/1

图7-31 "A1图框"标题栏局部放大

使用时，我们可以将图7-31所示图框中的英文删掉，填写相关中文，另存为"*.dwt"文件，作为样板文件调用即可。

7.3 零件的分类

机器是由独立装配的零件和部件组成的，其中零件按照外形来分，一般分为五大类，分别为轴类零件、盘盖类零件、叉架类零件、箱体类零件和板类零件。

对于轴类和盘盖类零件，一般根据在机械中的功用设计，主视图按照加工位置特点来表达。叉架类和箱体类零件不同于轴类零件，形状不规则，应按照在设备中的工作位置来安排主视图。

7.4 零件图的绘制

叉架类零件多有叉形结构，起支撑、连接、拨动作用；支架多由承托（承托轴、轴套）、支撑（支撑肋板或板）和底座（底板、底座）三部分组成，主要用于支撑其他零件。叉架类零件多呈不规则状，且比较复杂。

这类零件的加工位置多变，有的工作位置也多变。为了简化投影，主视图往往是将其摆正后画出，或按其工作位置，把最能反映零件形状特征或位置的方向作为主视图的投影方向。

根据叉架类零件的具体状况，除了用基本视图表达形状和位置特征之外，往往采用局部剖视图、局部视图、斜视图和断面图、局部放大图表达其局部内、外和断面形状。下面以"发动机通气管和拨叉"举例说明零件图样的绘制过程。

7.4.1 排气管

排气管是摩托车上的一个零件，其图样如图7-32所示。排气管属于叉架类零件，形状不规则，应按照在设备中的工作位置安排主视图。

绘制步骤如下：

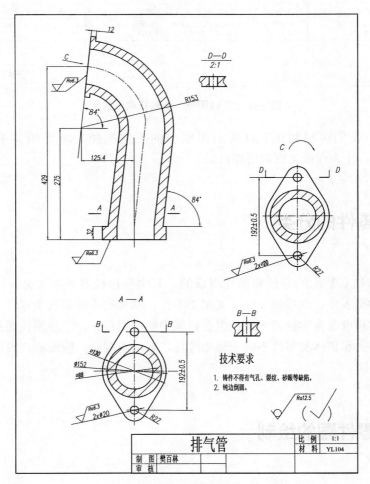

图7-32 排气管

（1）建立图层，绘制图框

打开CAD，点击图层特性管理器，新建图层，选择合适的线型和线宽，设置粗实线为当前层。

绘制内边框：使用"矩形▭"命令，直接输入"0，0"（英文输入法），回车，选择第一点坐标为（0，0），选择第二点坐标（594，841），即可绘制584mm×831mm的外边框，如图7-33所示。

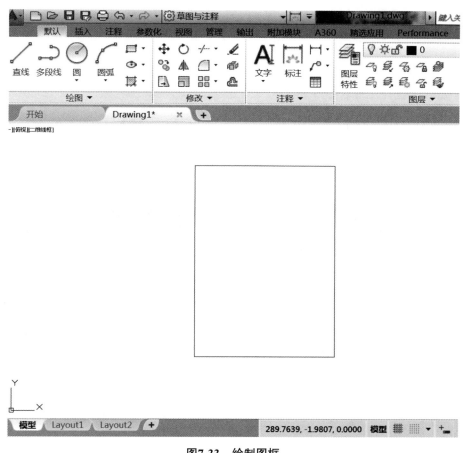

图7-33　绘制图框

（2）绘制标题栏

指定第一点为右下角端点，向上移动鼠标，输入线段长度为16（方便绘制内部直线时找到对应点），回车；同理，绘制标题栏边框（长180，宽32），如图7-34、图7-35所示。

（3）输入文字

切换到细实线图层，点击文字样式，调整文字样式。

使用"多行文字"按钮，在标题栏的正确位置添加文字（可通过单击鼠标左键，再按住鼠标左键拖动移动文字），并选择合适的文字高度（"排气管"为10，其余均为5），如图7-36所示。建立标题栏后，可以最后输入标题栏。

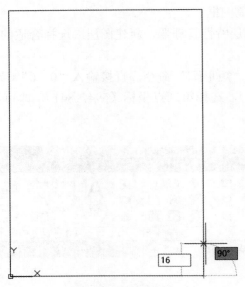

图7-34　绘制图框

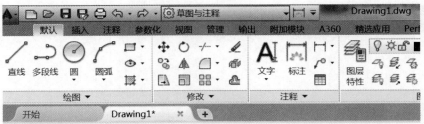

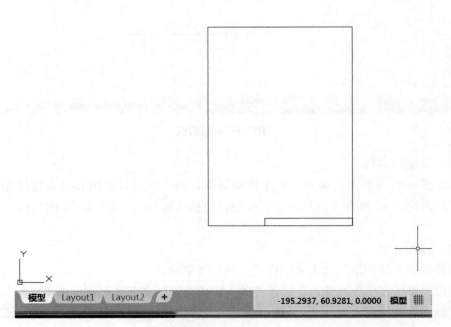

图7-35　绘制图框

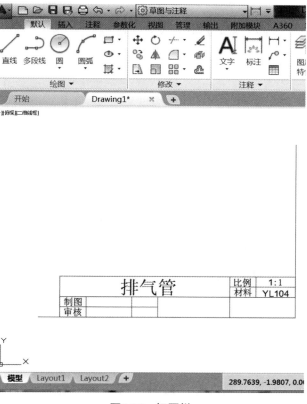

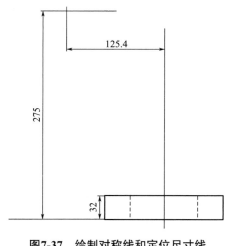

图7-36 标题栏

（4）绘制中心线

分别使用"粗线层""细实线""虚线"图层，选择适当位置，按实际尺寸绘制底边线、对称线、尺寸线，可以采用修改→镜像命令，如图7-37所示。

绘制长125.4mm、275mm的线段，使用275mm的线段的上端点为圆心，绘制圆，半径 $R155$，在高度32mm处作84°的斜线，圆弧与斜线相切，如图7-38所示。

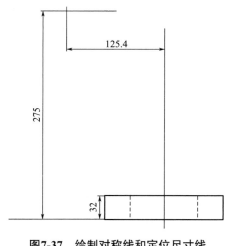

图7-37 绘制对称线和定位尺寸线

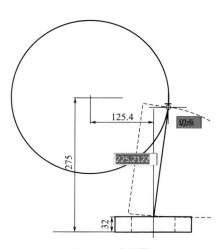

图7-38 绘制圆

（5）定断面位置

绘制尺寸线429，与圆交点，绘制与水平线成84°的斜线，分别指定第一个和第二个打断点，即交点延长处和切点处打断，删除辅助线，如图7-39所示。

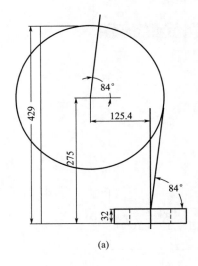

(a)

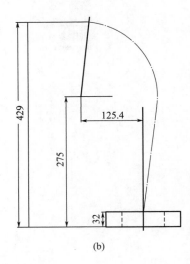

(b)

图7-39　定断面

（6）绘制图形

选中84°中心线，右键复制选择，复制到如图7-40所示位置，并将其切换为粗线层。以圆心为圆心，R（155mm+44mm）、R（155mm+65mm）、R（155mm+44mm）、R（155mm−65mm）为半径画圆与斜线相切，如图7-40所示。修改整理，如图7-41所示。

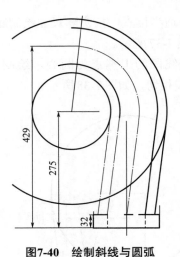

图7-40　绘制斜线与圆弧

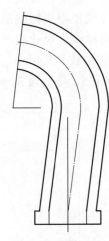

图7-41　修改整理

（7）绘制上部凸台

在图7-42所示位置绘制长11mm的直线，极轴下输入11<263，回车。

偏移12mm的距离，绘制垂线，如图7-42所示，整理完成，如图7-43所示。也可以用极轴的输入方法绘制。

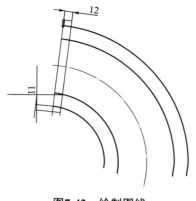

图7-42　绘制图线

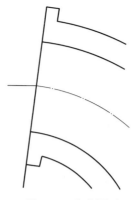

图7-43　完成图形

（8）绘制剖面线

点击绘图→图案填充，选择类型为自定义，点击自定义图案，出现填充图案选项板，点击ANSI，选择ANSI31，点击确定。

点击添加，拾取点，拾取图中区域，回车，出现图案填充窗口，如图7-44所示，点击确定，如图7-45所示。

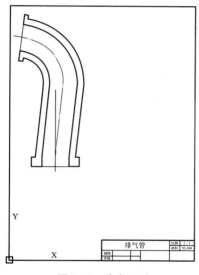

图7-44　选中区域

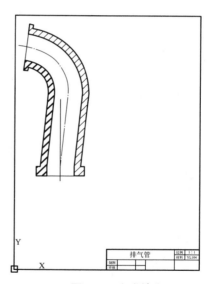

图7-45　完成填充

（9）绘制断面图

绘制中心线，以中心线中心为圆心绘制三个直径分别为88mm、130mm、152mm的圆，如图7-46所示。

以中心线中心为第一点向上绘制长96mm的直线，并以直线另一端点为圆心绘制两直径分别为20mm、54mm的圆，如图7-47所示。

使用直线，按住Ctrl键，点击右键，选择切点，点击直径54mm的圆上左侧一点，如图7-48所示。再次按住Ctrl键，点击右键，选择切点，点击直径152mm的圆上左侧一点，即可绘制出与两圆均相切的直线，如图7-49所示。

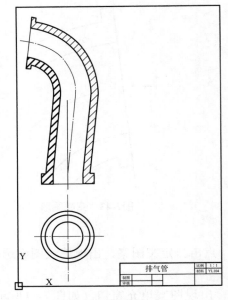

图7-46　绘制圆

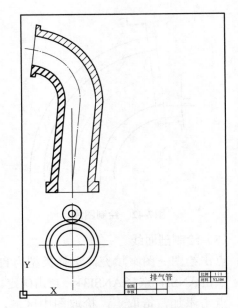

图7-47　绘制直线与圆

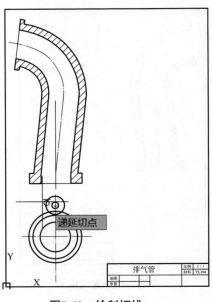

图7-48　绘制切线

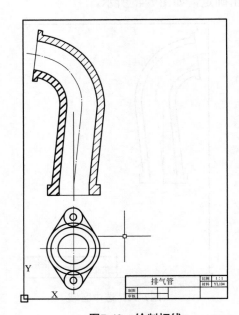

图7-49　绘制切线

　　使用镜像，选中所绘切线，以竖直中心线为镜像线绘制右侧切线。再次使用镜像，选中上部切线及两圆，以水平中心线为镜像线绘制下部图形。删去多余的线，并在中心圆环打剖面线，如图7-50所示。选中所绘第二个图形，右键，选择复制，将所选图形复制在如图7-51所示位置。

　　（10）尺寸标注

　　选择标注→标注样式，打开标注样式管理器，修改，设置合适的标注样式对所绘图形进行尺寸标注，如图7-52所示。

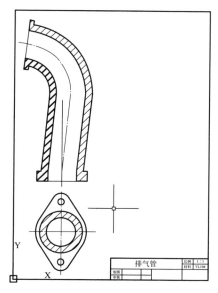

图7-50 完成剖面线

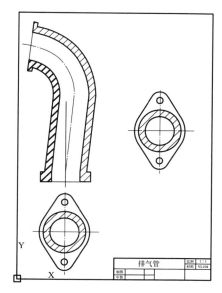

图7-51 复制图形

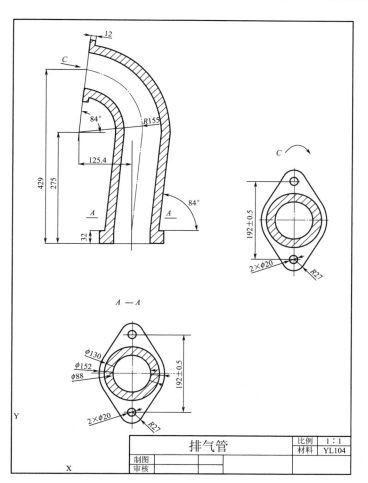

图7-52 尺寸标注

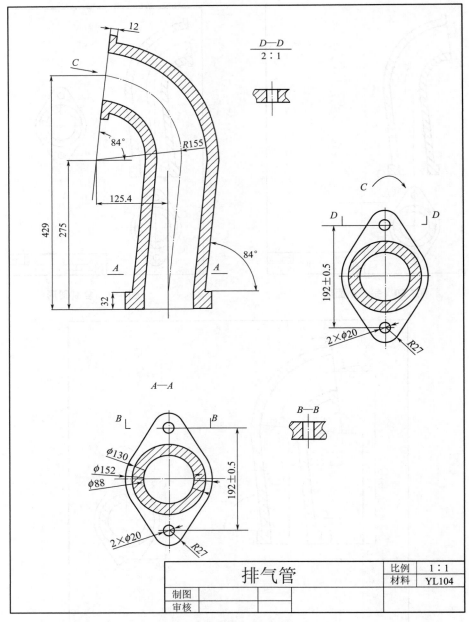

图7-53　绘制局部剖视图

（11）完成局部剖视图

绘制*D—D*、*B—B*局部剖视图，如图7-53所示。

（12）标注表面结构参数

利用块插入功能，完成表面结构参数粗糙度的标注，如图7-54所示。

（13）技术要求

点击**A** 多行文字，选择合适的文字大小，在合适位置，完成技术要求内容，完成排气管图形的绘制，如图7-32所示。

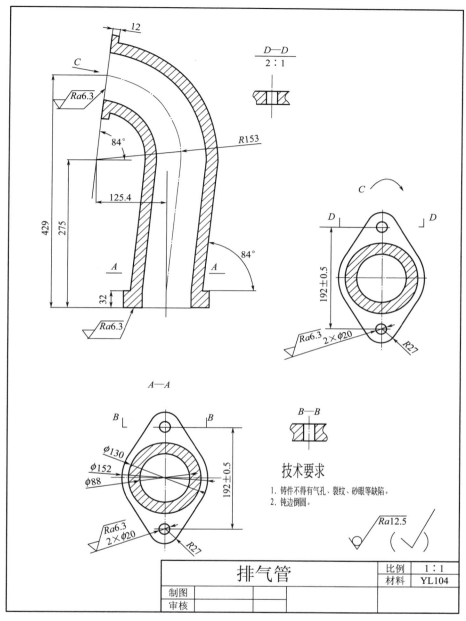

图7-54　标注粗糙度

7.4.2　拨叉

拨叉零件图样如图7-55所示。下面是绘制拨叉零件图样的具体步骤。

（1）绘制左视图

① 选择"粗实线"层作为当前层，用"圆"命令绘制两个同心圆，半径分别为38mm和55mm［图7-56（a）］。

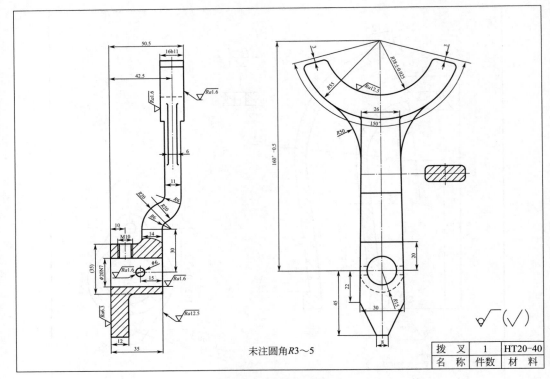

图7-55　拨叉的零件图

② 把"极轴追踪"设置为15°。过圆心画两条与水平倾斜15°的半径［图7-56（b）］。

③ 用"偏移"命令将两条半径向下偏移3mm［图7-56（c）］。

④ 用"修剪"命令删除偏移线上方的圆弧，再修剪偏移线［图7-56（d）］。

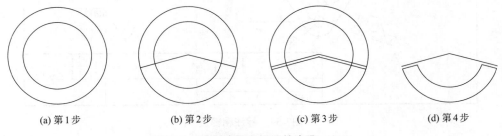

(a) 第1步　　　　(b) 第2步　　　　(c) 第3步　　　　(d) 第4步

图7-56　绘制拨叉左视图的步骤（一）

⑤ 选择"中心线"层作为当前层，用"直线"命令从圆心开始绘制一条长度为160mm的垂线［图7-57（a）］。

⑥ 选择"粗实线"层作为当前层，以垂直中心线下部的端点为圆心，用"圆"命令绘制一个半径为10mm的圆［图7-57（b）］。

⑦ 用"直线"命令从半径为10mm的圆心开始绘制长度为45mm的垂线，向右绘制长度为4mm的水平线，再输入"@11，23"作为下一条斜线的端点，最后回车，退

出"直线"命令［图7-57（c）］。

⑧ 用"直线"命令从半径为38mm的圆心开始绘制长度为13mm的水平线，向下绘制垂线，与半径为55mm的圆弧相交，最后回车，退出"直线"命令［图7-57（d）］。

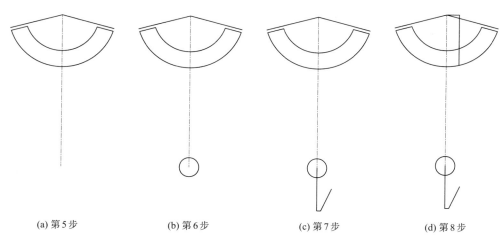

(a) 第5步   (b) 第6步   (c) 第7步   (d) 第8步

图7-57 绘制拨叉左视图的步骤（二）

⑨ 用"直线"命令连接刚才两个"直线"命令所绘直线的端点［图7-58（a）］。

⑩ 删除第8步绘制的直线［图7-58（b）］。

⑪ 把"圆角"命令的连接圆弧半径设置为50mm，连接半径为55mm的圆弧和第9步绘制的直线［图7-58（c）］。

⑫ 把"圆角"命令的连接圆弧半径设置为3mm，连接半径为55mm的圆弧和第9步绘制的直线［图7-58（d）］。

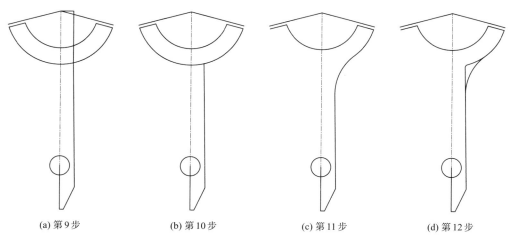

(a) 第9步   (b) 第10步   (c) 第11步   (d) 第12步

图7-58 绘制拨叉左视图的步骤（三）

⑬ 用"圆角"命令给半径为38mm和55mm的圆弧与偏移线圆角，连接圆弧半径仍设置为3mm［图7-59（a）］。

⑭ 用"镜像"命令画出左半部分［图7-59（b）］。

⑮ 用"直线"命令画出半径为10mm的圆上方的水平线，该水平线与半径为10mm的圆心相距20mm［图7-59（c）］。

⑯ 给半径为10mm的圆绘制水平和垂直中心线［图7-59（d）］。

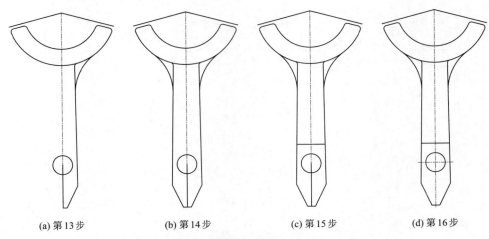

(a) 第13步　　　　(b) 第14步　　　　(c) 第15步　　　　(d) 第16步

图7-59　绘制拨叉左视图的步骤（四）

⑰ 选择"虚线"层作为当前层，以半径为10mm的圆心为圆心，用"圆"命令绘制一个半径为15mm的圆。再用"直线"命令画出两条水平线，分别与直径为10mm的圆心距离3mm［图7-60（a）］。

⑱ 用"修剪"命令删除多余的圆弧和直线［图7-60（b）］。

⑲ 选择"中心线"层作为当前层，在左视图的中上部，用"直线"命令绘制一条水平中心线［图7-60（c）］。

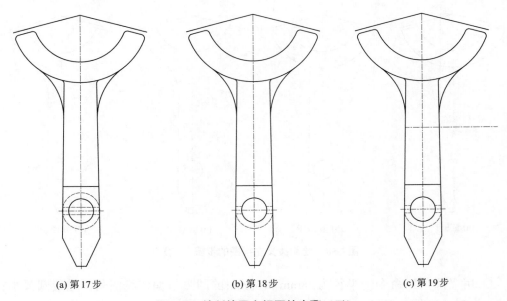

(a) 第17步　　　　　(b) 第18步　　　　　(c) 第19步

图7-60　绘制拨叉左视图的步骤（五）

⑳ 选择"粗实线"层作为当前层，用"直线"命令绘制一个矩形，矩形的高为11mm，长度是刚才所绘水平中心线与拨叉中上部两条竖线之间的距离［图7-61（a）］。

㉑ 用"移动"命令把刚才所绘的矩形移动到水平中心线上，使矩形左右两边的中心位于水平中心线上。再选择"中心线"层作为当前层，用"直线"命令绘制矩形的垂直中心线［图7-61（b）］。

㉒ 用"圆角"命令，把圆角半径设置为3mm，给矩形的4个角圆角，最后选择"剖面线"层作为当前层，用"图案填充"命令给矩形画出剖面线［图7-61（c）］。

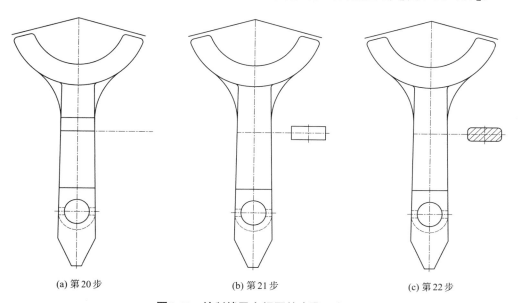

(a) 第20步   (b) 第21步   (c) 第22步

图7-61   绘制拨叉左视图的步骤（六）

（2）绘制主视图

① 选择"中心线"层作为当前层，用"直线"命令绘制一条长度为45mm的水平线。再选择"粗实线"层作为当前层，点击"直线"命令，再点击刚才绘制的水平中心线的左端，依次输入"@0，−45""@12，0""@0，30""@23，0""@0，45""@−14，0""@0，−10""@−21，0""@0，−20"［图7-62（a）］。

② 点击"直线"命令，再点击刚才绘制的图形的左上角，依次输入"@0，140""@50.5，0""@0，−55""@−16，0""@0，55"［图7-62（b）］。

③ 用"删除"命令去除图形左边多余的线［图7-62（c）］。

④ 选择"中心线"层作为当前层，用"直线"命令从顶边的中点开始，向下画长度为110mm的垂直中心线［图7-62（d）］。

⑤ 选择"粗实线"层作为当前层，用"偏移"命令把右上角矩形的两条垂直边都向中心线偏移5mm［图7-63（a）］。

⑥ 用"移动"命令将刚才画出的两条偏移线向下移动45mm［图7-63（b）］。

⑦ 用"偏移"命令将刚才画出的两条偏移线向外偏移2.5mm［图7-63（c）］。

⑧ 用"修剪"命令剪掉多余的线［图7-63（d）］。

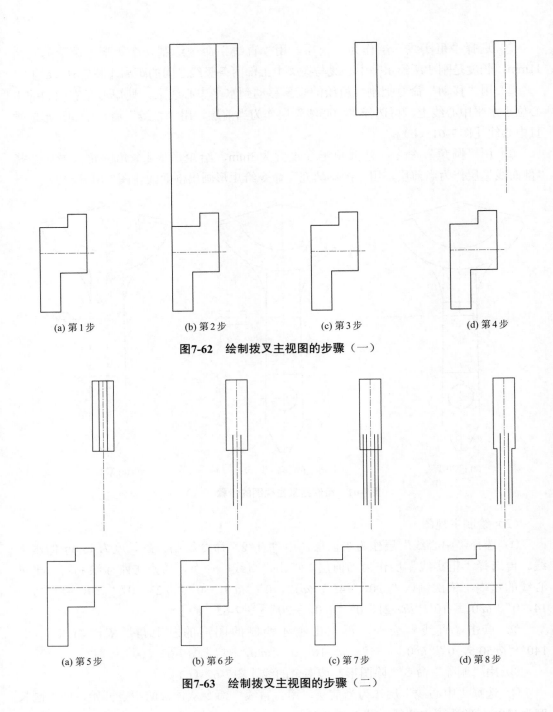

(a) 第 1 步　　　　(b) 第 2 步　　　　(c) 第 3 步　　　　(d) 第 4 步

图7-62　绘制拨叉主视图的步骤（一）

(a) 第 5 步　　　　(b) 第 6 步　　　　(c) 第 7 步　　　　(d) 第 8 步

图7-63　绘制拨叉主视图的步骤（二）

⑨ 以下面多边形的右上角为圆心，用"圆"命令绘制一个半径为6mm的圆［图7-64（a）］。

⑩ 用"移动"命令将刚才画出的圆向右水平移动6mm［图7-64（b）］。

⑪ 用"圆"命令中的"相切、相切、半径"选项绘制一个圆，它与半径为6的圆相切，与右端垂直边相切，半径为20mm［图7-64（c）］。

⑫ 用"修剪"命令剪掉多余的线［图7-64（d）］。

⑬ 使用"圆"命令，以半径为6mm的圆的圆心为新画圆的圆心，绘制一个半径为20mm的圆［图7-65（a）］。

⑭ 使用"圆角"命令，指定圆角半径为6mm，用圆角连接刚才绘制的圆和最左端的垂线［图7-65（b）］。

⑮ 用"修剪"命令剪掉多余的线［图7-65（c）］。

⑯ 将左视图与主视图的高度平齐，再用"直线"从左视图向主视图引出水平线［图7-65（d）］。

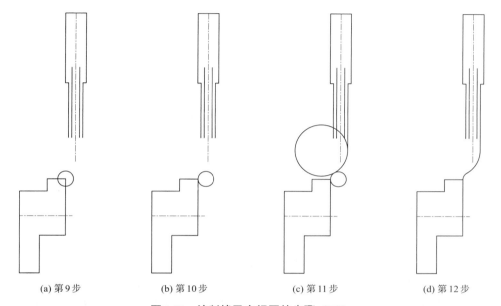

(a) 第9步　　　　(b) 第10步　　　　(c) 第11步　　　　(d) 第12步

图7-64　绘制拨叉主视图的步骤（三）

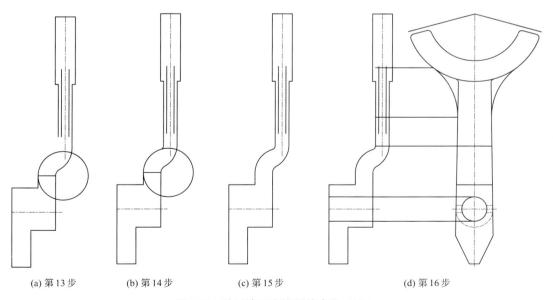

(a) 第13步　　　(b) 第14步　　　(c) 第15步　　　(d) 第16步

图7-65　绘制拨叉主视图的步骤（四）

⑰ 使用"圆角"命令，指定圆角半径为3mm，画出肋板处的圆角，用"修剪"命令删除多余的线［图7-66（a）］。

⑱ 使用"镜像"命令，以垂直中心线为镜像线，将刚才画的肋板圆角镜像到另外一边，用"修剪"命令删除多余的线［图7-66（b）］。

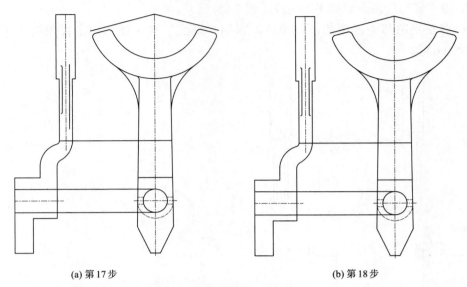

(a) 第17步   (b) 第18步

图7-66 绘制拨叉主视图的步骤（五）

⑲ 用"修剪"命令删除多余的水平线［图7-67（a）］。

⑳ 用"直线"命令从左视图的最高点开始向右画水平线，再从左视图的最左点开始向右画水平线，最后，选择"虚线"层作为当前层，从左视图圆弧R38mm的最低点开始向右画水平线［图7-67（b）］。

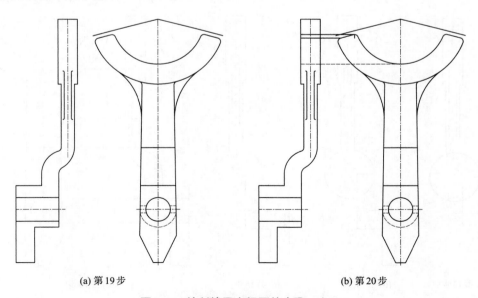

(a) 第19步   (b) 第20步

图7-67 绘制拨叉主视图的步骤（六）

㉑ 用"修剪"命令删除多余的水平线［图7-68（a）］。

㉒ 选择"粗实线"层作为当前层，用"圆"命令绘制一个半径为3mm的圆，其圆心在下方的水平中心线上，距离右边垂直粗实线15mm。选择"中心线"层作为当前层，用"直线"命令画出半径为3mm的圆的垂直中心线［图7-68（b）］。

㉓ 再用"直线"命令画出螺纹的中心线，该中心线距离左端10mm，然后选择"粗实线"层作为当前层，在该中心线的两端画出M10的两条粗实线。最后选择"剖面线"层作为当前层，在该中心线的两端画出M10的两条螺纹线［图7-68（c）］。

㉔ 用"样条曲线"命令在主视图中部画出波浪线［图7-68（d）］。

㉕ 用"图案填充"命令画出剖面线，注意剖面线要画到M10的粗实线处［图7-68（e）］。

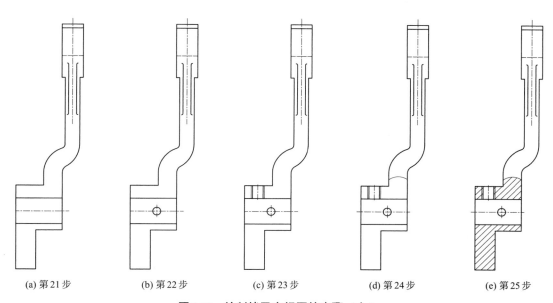

(a) 第21步　　　(b) 第22步　　　(c) 第23步　　　(d) 第24步　　　(e) 第25步

图7-68　绘制拨叉主视图的步骤（七）

（3）标注尺寸和粗糙度

① 选择"尺寸"层作为当前层。用"直线尺寸"命令标注出所有长度尺寸［图7-69（a）］。

② 用"半径尺寸"标注主视图的4个半径尺寸，以及左视图中的4个半径尺寸［图7-69（b）］。

③ 用"角度尺寸"标注左视图中的角度尺寸。用"直径尺寸"标注主视图的直径尺寸［图7-69（c）］。

④ 用"粗糙度"块标注粗糙度［图7-69（d）］。

⑤ 画图框和标题栏，在标题栏的上方画其余粗糙度（图7-70）。至此，拨叉就绘制完成了。

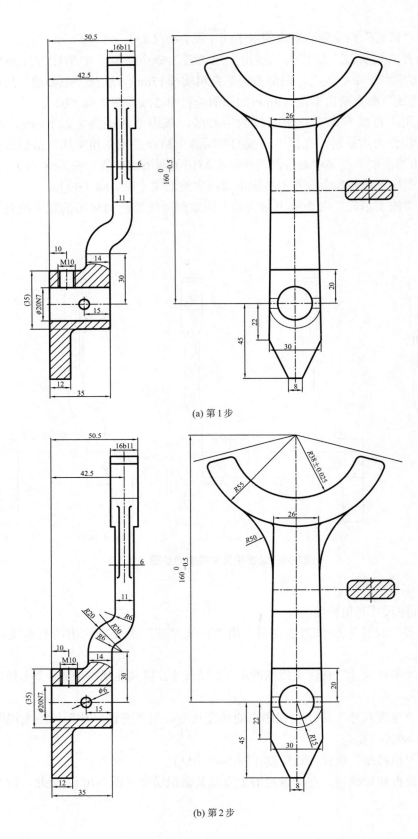

(a) 第1步

(b) 第2步

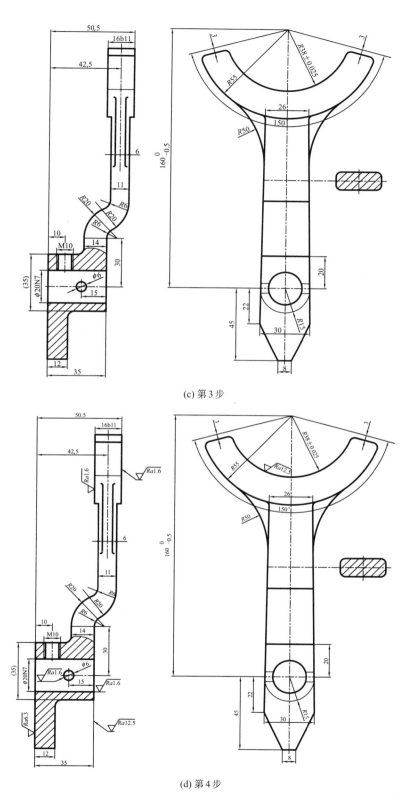

(c) 第3步

(d) 第4步

图7-69 标注尺寸和粗糙度的步骤

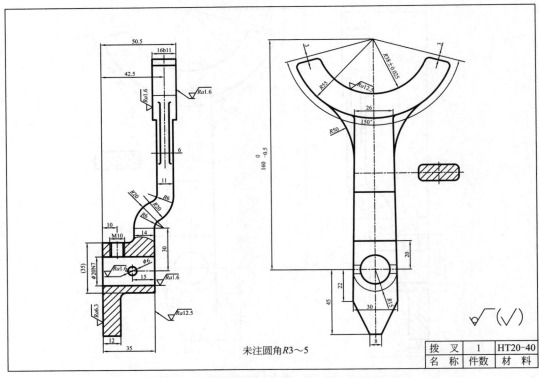

图7-70　给拨叉加上图框、标题栏和其余粗糙度

未注圆角R3～5

拨　叉	1	HT20-40
名　称	件数	材　料

習　　　題

1. 在A4图框中绘制垫板，见题图1。

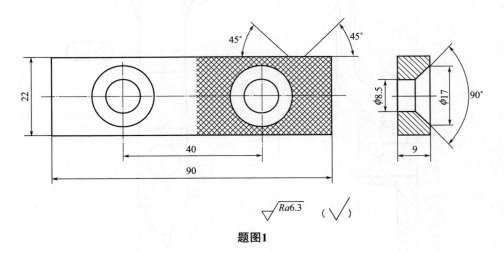

$\sqrt{Ra6.3}$ ($\sqrt{}$)

题图1

2. 在A4图框中绘制题图1中的螺杆1，见题图2。

3. 在A4图框中绘制题图3所示的螺杆。

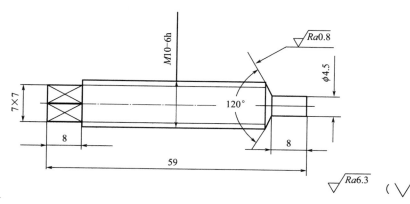

题图2

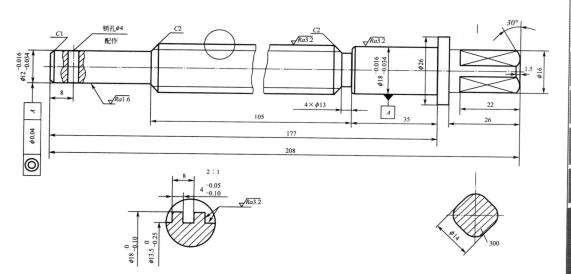

题图3

08

第8章

装配图的绘制

学习目标：

1. 学习装配图的绘制过程。

2. 在装配图的绘制过程中，熟练掌握应用CAD的各种命令功能。

零件是机器或部件中只有加工过程而无任何装配过程的机件，是不可再拆分的独立单元体。根据零件的形状和功用，可将其分为轴类、盘盖类、叉架类、箱体类。表示单个零件的结构形状、大小和技术要求的图样，称为零件图。在设计生产过程中，它是表达设计信息的主要载体，是加工、制造和检验零件的基本技术文件。

零件图包括：一组由视图、剖视、断面等组成的图形，完整、清晰地表达出零件的内外各部分结构形状；用于确定零件各部分结构形状的大小和相对位置的全部尺寸；制造或检验零件时应达到的技术要求；包含零件名称、数量、材料、比例、图号等的标题栏。图8-1是齿轮泵中几个零件的零件图。图8-2是泵体的零件图。

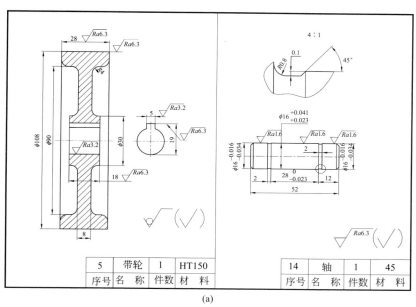

(a)

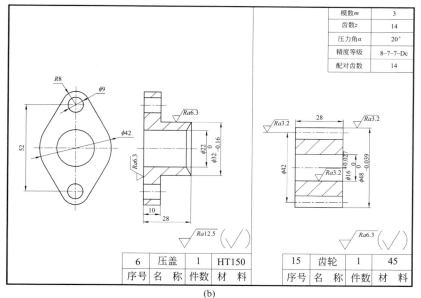

(b)

图8-1 齿轮泵中几个零件的零件图

用来表达机器或部件的图样称为装配图。在设计过程中，设计人员为了表达产品的性能、工作原理及其组成部分的连接、装配关系，首先需要画出装配图，以此确定各零件的结构形状和协调各零件的尺寸等，然后绘制零件图。在生产过程中，生产人员又要根据装配图制订装配工艺规程；装配图是机器装配、检验、调试和安装工作的依据。在使用和维护过程中，使用者通过装配图了解机器或部件的工作原理、结构性能，从而确定操作、保养、拆装和维修方法。此外，在技术交流、引进先进技术或更新改造原有设备时，装配图也是不可或缺的资料。因此，装配图是设计、制作、使用、维修和技术交流的主要技术文件。

装配图应包括：表达机器或部件的工作原理、结构特征、零件之间的连接和装配关系的一组视图；包括规格（性能）尺寸、装配尺寸、安装尺寸、总体尺寸等必要的尺寸；说明机器或部件在装配、安装、调试和经验等方面应达到的技术要求；零件序号、明细表和标题栏。图8-3是齿轮泵的装配图。

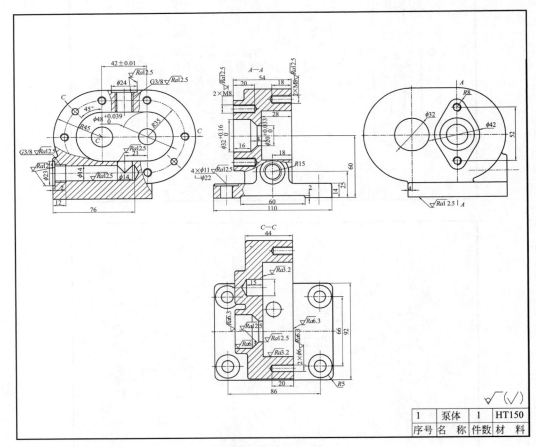

| 1 | 泵体 | 1 | HT150 |
| 序号 | 名　称 | 件数 | 材　料 |

图8-2　泵体零件图

　零件图千变万化，各种类型零件的绘制过程也有多种方法，但也有一定的规律性。本章将以部件"齿轮泵"中的各个零件为例，从简单到复杂，介绍各类零件图的具体绘制步骤。之后利用已经画好的零件图，拼画"齿轮泵"装配图。

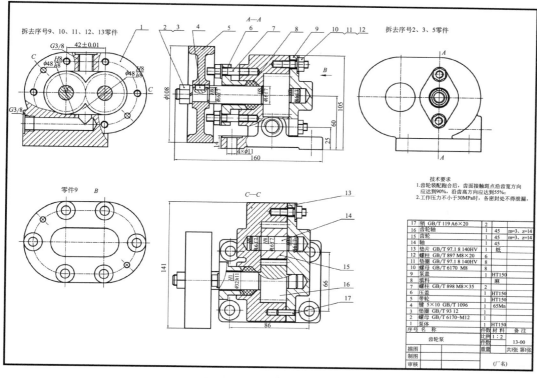

图8-3　齿轮泵的装配图

8.1　齿轮轴的绘制步骤

　　轴的主要功能是安装、支撑轴上零件（齿轮、皮带轮等），传递运动和动力。轴类零件包括各种轴、丝杠等，常用的形状为细长的阶梯轴。轴之所以设计成阶梯状，一是为了轴上零件的轴向定位，二是为了便于轴上零件的装配。根据设计和工艺要求，轴上常有轴肩、键槽、螺纹、退刀槽等结构。

　　轴类零件右边在车床和磨床上加工，一般只用主视图表达其主要结构，通常可将平键槽朝前，以利于表达形状特征。轴上的孔、槽常用移出断面图表达，某些细部结构，如退刀槽、砂轮越程槽等，必要时可采用局部放大图，确切地表达其形状和标注尺寸。

　　"齿轮轴"的零件图如图8-4所示。下面是绘制零件"齿轮轴"的具体过程。

8.1.1　进行必要的设置

　　① 新建文件，按表8-1建立图层。

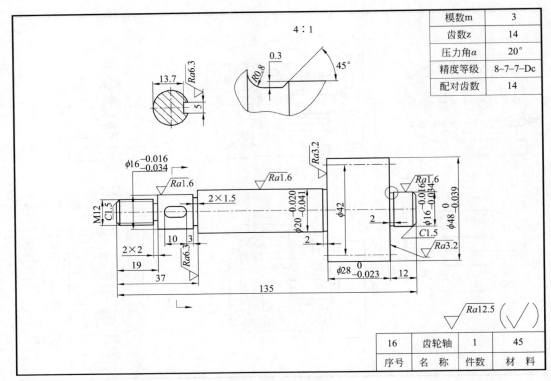

图8-4　"齿轮轴"的零件图

模数m	3
齿数z	14
压力角α	20°
精度等级	8-7-7-Dc
配对齿数	14

16	齿轮轴	1	45
序号	名　称	件数	材　料

表8-1　建立图层

图层名	线型	颜色	线宽/mm
粗实线	Continue	黑色	0.40
中心线	Center	蓝色	0.20
剖面线	Continue	红色	0.20
尺寸	Continue	青色	0.20
虚线	dashed	品红色	0.20

② 建立尺寸样式和字体样式。

8.1.2　绘制主视图

① 选择"中心线"层作为当前层。用"直线"命令绘制齿轮轴的水平中心线，长度约为140mm［图8-5（a）］。

② 选择"粗实线"层作为当前层，用"矩形"命令在中心线的最左端绘制一个17mm×12mm的矩形［图8-5（b）］。

③ 继续用"矩形"命令在17mm×12mm的矩形的右边绘制一个2mm×8mm的矩形［图8-5（c）］。

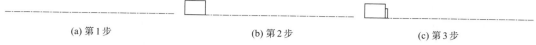

图8-5　绘制"齿轮轴"主视图的步骤（一）

④ 继续用"矩形"命令在2mm×8mm的矩形的右边依次绘制16mm×16mm的矩形、2mm×13mm的矩形、56mm×20mm的矩形、2mm×19.4mm的矩形、28mm×48mm的矩形、2mm×18.4mm的矩形和10mm×16mm的矩形［图8-6（a）］。

⑤ 用"移动"命令把最左端的17mm×12mm矩形的左边中点移动到第1步绘制的中心线上［图8-6（b）］。

⑥ 用"移动"命令把左端第二个2mm×8mm矩形的左边中点移动到第1步绘制的中心线上［图8-6（c）］。

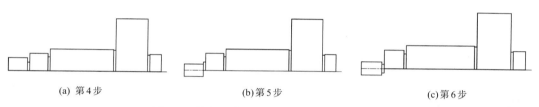

(a) 第4步   (b)第5步   (c)第6步

图8-6　绘制"齿轮轴"主视图的步骤（二）

⑦ 用"移动"命令把其余矩形的左边中点移动到第1步绘制的中心线上［图8-7（a）］。

⑧ 用"移动"命令将中心线向左移动2mm［图8-7（b）］。

⑨ 用"矩形"命令在第三个矩形里面绘制一个10mm×5mm的矩形［图8-7（c）］。

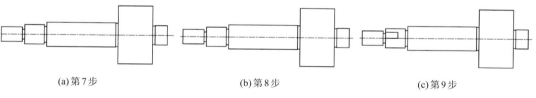

(a)第7步   (b)第8步   (c)第9步

图8-7　绘制"齿轮轴"主视图的步骤（三）

⑩ 用"移动"命令把10mm×5mm矩形的左边中点移动到第1步绘制的中心线上［图8-8（a）］。

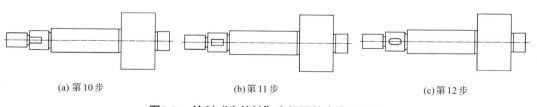

(a) 第10步   (b)第11步   (c)第12步

图8-8　绘制"齿轮轴"主视图的步骤（四）

⑪ 用"移动"命令将 10mm×5mm 的矩形向右移动 3mm［图8-8（b）］。

⑫ 用"圆角"命令给 10mm×5mm 的矩形圆角，圆角半径设为 2.5mm［图8-8（c）］。

⑬ 用"倒角"命令给最左端的 17mm×12mm 的矩形和最右端的 10mm×16mm 的矩形倒角，倒角距离设为 1.5mm［图8-9（a）］。

⑭ 用"直线"命令在最左端的 17mm×12mm 的矩形和最右端的 10mm×16mm 的矩形上分别绘制倒角线［图8-9（b）］。

⑮ 选择"剖面线"层作为当前层。用"直线"命令绘制左端 M12 的螺纹线。为了便于绘图，此螺纹线与中心线的距离为 8mm［图8-9（c）］。

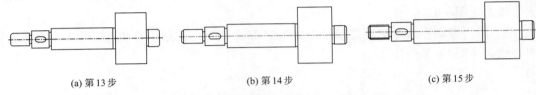

(a) 第13步　　　　　　　　　　(b) 第14步　　　　　　　　　　(c) 第15步

图8-9　绘制"齿轮轴"主视图的步骤（五）

⑯ 选择"中心线"层作为当前层。用"直线"命令绘制齿轮部分的分度线。该分度线与中心线的距离为 21mm（图8-10）。

图8-10　绘制"齿轮轴"主视图的第16步

8.1.3　给主视图标注尺寸

① 选择"尺寸"层作为当前层。用"线性尺寸"命令标注长度尺寸［图8-11（a）］。

② 用"线性尺寸"命令标注齿轮的齿宽28。注意这个尺寸有上下偏差，所以在标注尺寸时，选择该尺寸的边界后，应输入 m 并回车，进入"文字编辑器"，在默认的"28"后面输入"0^−0.023"（注意数字 0 的前面有一个空格，这样上下偏差的小数点就会对齐），再用鼠标左键选中"0^−0.023"，然后在"格式"选项卡中选择"堆叠"，这个尺寸就会显示为带上下偏差［图8-11（b）］。

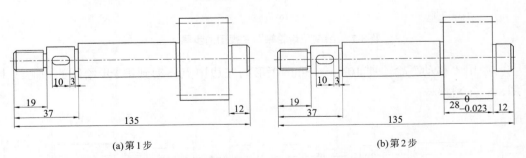

(a) 第1步　　　　　　　　　　　　　　　(b) 第2步

图8-11　给"齿轮轴"主视图标注尺寸的步骤（一）

③ 用"线性尺寸"命令标注轴各轴段的直径。先标注左端螺纹的尺寸，因为该尺寸是"M12"，与程序给出的默认数字不同，所以在选择该尺寸的边界后，应输入 T，

再输入"M12"，然后用鼠标确定所标注尺寸的位置。标注尺寸"ø42"时，也是如此，只是先输入T，再输入"%%C42"［图8-12（a）］。

④ 用"线性尺寸"命令标注轴各轴段中带上下偏差的直径。标注上下偏差的步骤见第2步［图8-12（b）］。

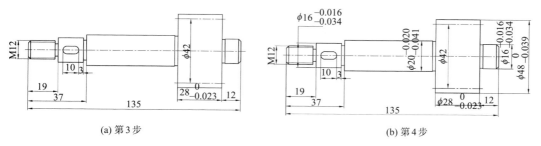

<table>
<tr><td>(a) 第3步</td><td>(b) 第4步</td></tr>
</table>

图8-12 给"齿轮轴"主视图标注尺寸的步骤（二）

⑤ 用"线性尺寸"命令标注各退刀槽的尺寸［图8-13（a）］。

⑥ 用"直线"和"文字"命令标注倒角尺寸［图8-13（b）］。

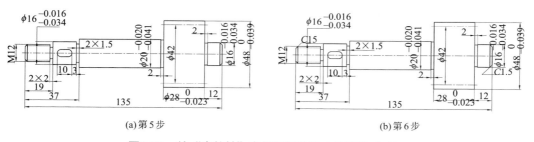

<table>
<tr><td>(a)第5步</td><td>(b)第6步</td></tr>
</table>

图8-13 给"齿轮轴"主视图标注尺寸的步骤（三）

8.1.4 标注粗糙度

① 用"直线"和"文字"命令绘制粗糙度符号［图8-14（a）］。

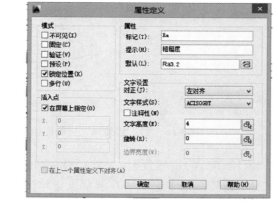

<table>
<tr><td>(a) 第1步</td><td>(b) 第2步</td></tr>
</table>

图8-14 给"齿轮轴"主视图标注粗糙度的步骤（一）

② 单击"块"选项卡中的"定义属性"命令，打开"属性定义"对话框，分别填充"标记""提示"和"默认"字段，按需要修改"文字样式"和"文字高度"，把粗糙度值定义为属性［图8-14（b）］。

③ 单击"块"选项卡中的"创建块"命令，打开"块定义"对话框，在"名称"中指定块的名称，在"基点"框中单击"拾取点"，然后在屏幕上拾取粗糙度符号下方的尖点。在"对象"框中单击"选择对象"，接着在屏幕上拾取粗糙度符号和"粗糙度值"属性，最后单击"确定"［图8-15（a）］。

④ 单击"块"选项卡中的"插入块"命令，打开"名称"下拉列表，选择刚才创建的"粗糙度"，单击"确定"［图8-15（b）］，用鼠标把调入的粗糙度块放在16轴段上，单击左键。

(a) 第3步

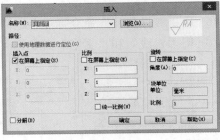
(b) 第4步

图8-15　给"齿轮轴"主视图标注粗糙度的步骤（二）

⑤ 显示"编辑属性"对话框，把"粗糙度"字段改为Ra1.6，单击"确定"，粗糙度就标注完成了（图8-16）。

⑥ 用相同的方法添加其他粗糙度（图8-17）。

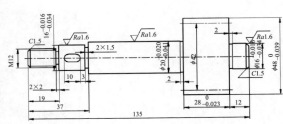

图8-16　给"齿轮轴"主视图标注粗糙度的第5步

⑦ 添加齿轮部分的粗糙度时，注意左端面的粗糙度需要旋转90°，所以在"插入"对话框的"旋转"框中选中"在屏幕上指定(C)"复选框，这样用鼠标指定插入粗糙度块的位置后，就可以把粗糙度旋转90°（图8-17）。

⑧ 添加齿轮右端面的粗糙度时，可以按一般方式添加粗糙度，之后选择"注释"

选项卡中的"多重引线"命令，画出粗糙度的指引线。这个指引线不需要添加任何文本（图8-17）。

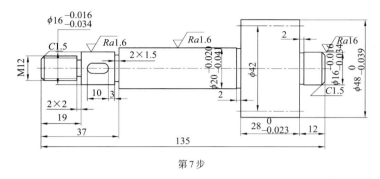

第7步

图8-17 给"齿轮轴"主视图标注粗糙度的第6～8步

8.1.5 绘制移出断面

① 现在绘制移出断面。选择"中心线"层作为当前层。用"直线"命令绘制移出断面的水平中心线，长度约为20mm。再绘制移出断面的垂直中心线，长度约为20mm[图8-18（a）]。

② 选择"粗实线"层作为当前层。用"圆"命令绘制一个半径为8mm的圆。再用"矩形"命令以圆心为起点绘制一个5mm×5mm的矩形。然后用"移动"命令将5mm×5mm矩形左边的中点移动到圆心上，再把该矩形向右移动8.7mm[图8-18（b）]。

③ 用"剪切"命令将圆和矩形上多余的线都剪去，就得到了需要的移出断面。最后用"剖面线"命令给移出断面添加剖面线[图8-18（c）]。

④ 用前面介绍的方法给移出断面添加尺寸和粗糙度[图8-18（d）]。

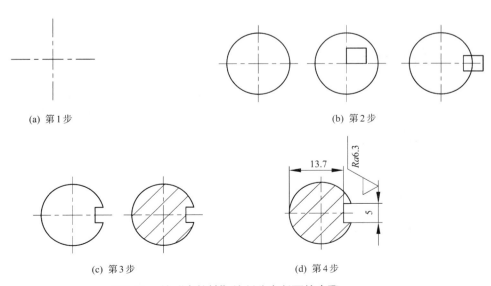

(a) 第1步   (b) 第2步

(c) 第3步   (d) 第4步

图8-18 给"齿轮轴"绘制移出断面的步骤

8.1.6　绘制砂轮越程槽的放大图

① 接着绘制砂轮越程槽的放大图。在要放大的砂轮越程槽部分绘制一个小圆，半径约为3mm［图8-19（a）］。

② 用"复制"命令复制这个小圆和小圆内部的线条。因为小圆内部的线条是矩形的一部分，所以应把矩形一起复制过来，再用"修剪"命令把小圆外部的所有线条都剪掉［图8-19（b）］。

③ 矩形的一部分被剪掉后，矩形的剩余部分仍是一个对象。由于接着要编辑小圆内部左边的垂线，需要把矩形的剩余部分分解为单个对象，所以单击"分解"命令，分解矩形的剩余部分。单击这个命令的结果没有明显变化，但可以单击小圆内部左边的垂线，将它向上延长到小圆的边界上［图8-19（c）］。

④ 用"圆角"命令，画出R3.2mm的圆弧，删除多余线条。再用"延长"命令，将小圆中左边的垂线延长到小圆上［图8-19（d）］。

⑤ 用"直线"命令从小圆中水平线和垂直线的交点处开始，绘制一条45°的斜线，一直到小圆中间的水平线。使用"剪切"命令，去除水平线上多余的部分［图8-19（e）］。

⑥ 用"缩放"命令将画好的小圆及圆中所有线条放大4倍，删除小圆，用"样条曲线"命令绘制放大图的边界，标注出尺寸［图8-19（f）］。

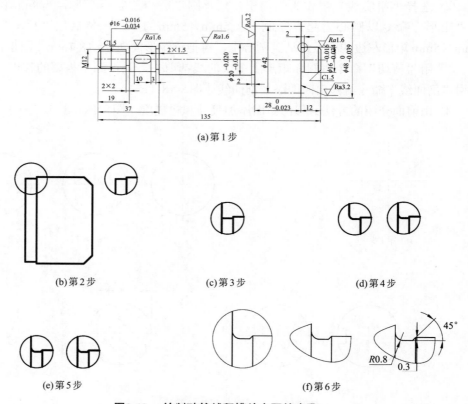

图8-19　绘制砂轮越程槽放大图的步骤

8.1.7 整理

① 用"移动"命令，将移出断面和放大图移动到对应的位置［图8-20（a）］。

② 用"矩形"命令添加一个238mm×168mm的矩形边框，在边框的右下角添加其余粗糙度符号［图8-20（b）］。

③ 添加标题栏和啮合特性表［图8-20（c）］。

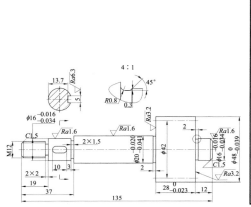

(a) 第1步

(b) 第2步

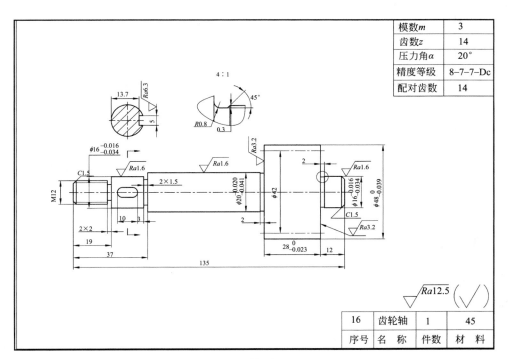

模数m	3
齿数z	14
压力角α	20°
精度等级	8–7–7–Dc
配对齿数	14

16	齿轮轴	1	45
序号	名　称	件数	材　料

(c) 第3步

图8-20 整理"齿轮轴"的步骤

8.2 泵盖的绘制步骤

盘盖类零件主要包括端盖、透盖、法兰盘、各种轮子等。这类零件的主体部分一般为同轴线但直径不同的回转体，且具有较小长径比的扁平状物体。一般有一个端面是与其他零件连接的重要接触面。这类零件上常有轮毂、轮缘、肋、轮辐、均布小孔、止口及键槽等结构。

大多数盘盖类零件主要在车床上加工，所以主视图应按其形状特征和加工位置来选择，轴线水平放置。通常用主、左两个视图，外加局部视图或局部放大图等来表达。主视图采用全剖视，左视图则表示其侧面外形和盘上的孔、轮辐等的分布情况。

泵盖的零件图如图8-21所示。下面是绘制零件"泵盖"的具体过程。

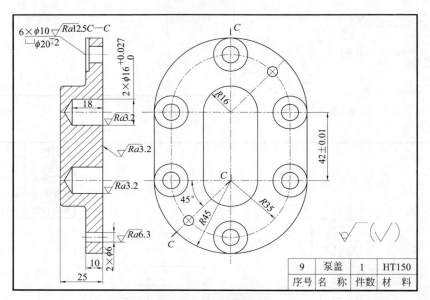

图8-21　泵盖的零件图

8.2.1　绘制左视图

① 把"极轴追踪"设置为45°。选择"粗实线"层作为当前层，用"矩形"命令绘制一个32mm×42mm的矩形［图8-22（a）］。

② 用"圆"命令，以刚才绘制的矩形的顶边中点为圆心，绘制一个半径为16mm的圆。用相同的方法，在刚才绘制的矩形的底边绘制一个半径为16mm的圆［图8-22（b）］。

③ 用"修剪"命令去掉多余的线［图8-22（c）］。

④ 用"偏移"命令将长圆形偏移29mm，再用"偏移"命令将外部的大长圆形偏移10mm［图8-23（a）］。

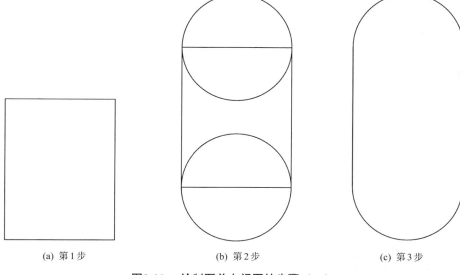

(a) 第1步   (b) 第2步   (c) 第3步

图8-22 绘制泵盖左视图的步骤（一）

⑤ 选中中间的长圆形，单击"图层"下拉框，在其中单击"中心线"层，就把这个长圆形的线型变成了中心线［图8-23（b）］。

⑥ 选择"中心线"层作为当前层。用"直线"命令绘制泵盖的垂直中心线，长度约为136mm，再绘制两条通过圆心的水平中心线，长度约为95mm［图8-23（c）］。

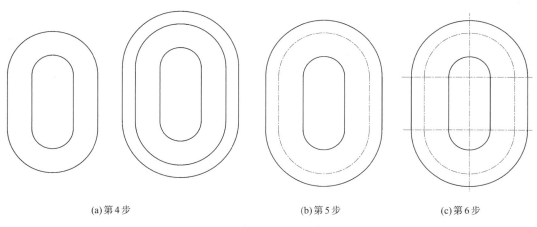

(a) 第4步   (b) 第5步   (c) 第6步

图8-23 绘制泵盖左视图的步骤（二）

⑦ 选择"粗实线"层作为当前层，用"圆"命令，以中间长圆形和上面那条水平中心线的交点为圆心，绘制两个圆，半径分别为5mm和10mm［图8-24（a）］。

⑧ 用"复制"命令将刚才绘制的两个圆复制5次，位置如图8-24（b）所示。

⑨ 选择"中心线"层作为当前层。用"直线"命令从长圆形的两个圆心开始，分别绘制45°的斜线，位置如图8-24（c）所示。

⑩ 选择"粗实线"层作为当前层，用"圆"命令，以45°斜线与中间长圆形的交点为圆心，绘制两个半径为3mm的圆。至此，左视图就画好了［图8-24（d）］。

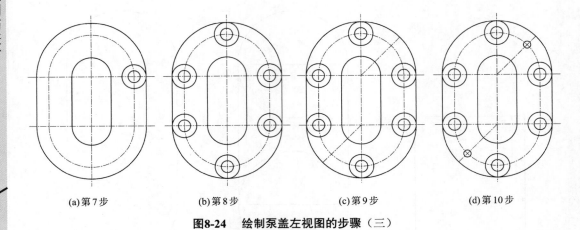

(a)第7步　　　　(b)第8步　　　　(c)第9步　　　　(d)第10步

图8-24　绘制泵盖左视图的步骤（三）

8.2.2　绘制主视图

① 用"矩形"命令在左视图的左边绘制一个25mm×132mm的矩形和一个15mm×74mm的矩形［图8-25（a）］。

② 用"移动"命令使两个矩形垂直对中［图8-25（b）］。

③ 用"直线"命令自15mm×74mm的矩形右边的两个端点开始，绘制两条垂直线［图8-25（c）］。

④ 用"修剪"命令去掉多余的线［图8-25（d）］。

⑤ 从主视图的最高点绘制一条水平线，把左视图移动到主视图的右边，并使左视图的最高点在刚才绘制的水平线上［图8-25（e）］。

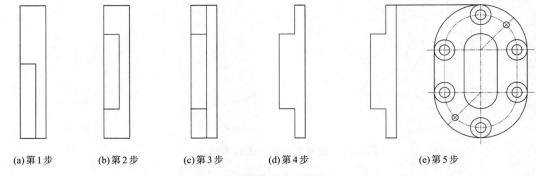

(a)第1步　　(b)第2步　　(c)第3步　　(d)第4步　　　　(e)第5步

图8-25　绘制泵盖主视图的步骤（一）

⑥ 删除用于对齐的水平线。选择"中心线"层作为当前层。根据"高平齐"，用"直线"命令在主视图上绘制中心线［图8-26（a）］。

⑦ 选择"粗实线"层作为当前层，用"矩形"命令绘制一个18mm×16mm的矩形［图8-26（b）］。

⑧ 用"移动"命令把刚才绘制的18mm×16mm矩形右边中点移动到中心线与主视

图右边界的交点处［图8-26（c）］。

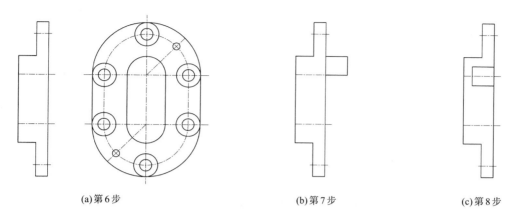

(a)第6步 (b)第7步 (c)第8步

图8-26 绘制泵盖主视图的步骤（二）

⑨ 把"极轴追踪"设置为30°。用"直线"命令绘制120°的三角形［图8-27（a）］。

⑩ 用"复制"命令复制刚才绘制的孔［图8-27（b）］。

⑪ 用"矩形"命令绘制一个2mm×20mm的矩形和一个8mm×10mm的矩形［图8-27（c）］。

⑫ 用"移动"命令把刚才绘制的8mm×10mm矩形右边中点移动到中心线与主视图右边界的交点处。把2mm×20mm矩形右边中点移动到8mm×10mm矩形左边的中点处［图8-27（d）］。

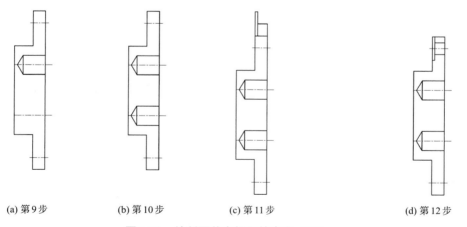

(a) 第9步 (b) 第10步 (c) 第11步 (d) 第12步

图8-27 绘制泵盖主视图的步骤（三）

⑬ 用"矩形"命令绘制一个6mm×10mm的矩形［图8-28（a）］。

⑭ 用"移动"命令把刚才绘制的6mm×10mm矩形右边中点移动到中心线与主视图右边界的交点处［图8-28（b）］。

⑮ 用"圆角"命令给主视图的各角点圆角，圆角半径是2mm［图8-28（c）］。

⑯ 用"剖面线"命令给主视图打剖面线。给主视图和左视图加上标注［图8-28（d）］。

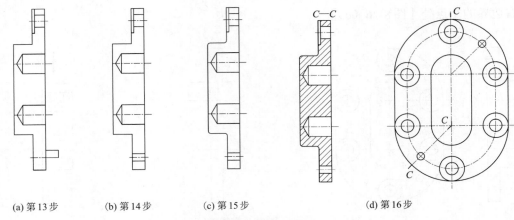

(a) 第13步   (b) 第14步   (c) 第15步   (d) 第16步

图8-28　绘制泵盖主视图的步骤（四）

8.2.3　标注尺寸和粗糙度

① 选择"尺寸"层作为当前层。用"线性尺寸"标注图中的长度和直径尺寸。注意尺寸2×ϕ16有上下偏差，所以在标注尺寸时，选择该尺寸的边界后，应输入m并回车，进入"文字编辑器"，在默认的"16"前面输入"2×%%c"，在"16"的后面输入"+0.027^ 0"（注意数字"0"和"^"之间有一个空格，这样上下偏差的小数点就会对齐），再用鼠标左键选中"+0.027^ 0"，然后在"格式"选项卡中选择"堆叠"，这个尺寸就会显示为带上下偏差。而标注尺寸"42±0.01"时，选择该尺寸的边界后，应输入t并回车，再输入"42%%p0.01"［图8-29（a）］。

② 用"半径尺寸"标注左视图中的3个半径尺寸，用"角度尺寸"标注左视图中的角度尺寸［图8-29（b）］。

③ 下面标注阶梯孔的尺寸。在主视图上，用"直线"命令从阶梯孔的中心线与垂直的粗实线相交处开始绘制指引线。然后用"文本"命令写出"6×ϕ10"和"20 2"。

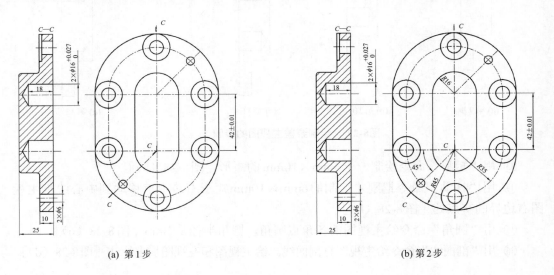

(a) 第1步   (b) 第2步

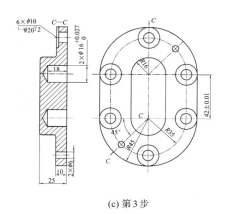

(c) 第3步

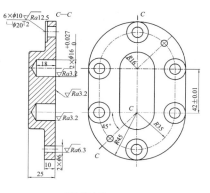

(d) 第4步

图8-29 给泵盖标注尺寸和粗糙度的步骤

用"直线"命令画出刮平符号"凵"，"2"前面的深度符号"↓"用"直线"尺寸绘制任意垂直尺寸，再用"分解"命令将尺寸分解为单独的对象，最后删除多余的线条和数字［图8-29（c）］。

④ 用"粗糙度"块标注粗糙度［图8-29（d）］。具体方法见图8-14～图8-17。

⑤ 画图框和标题栏，在标题栏的上方画其余粗糙度（图8-30）。至此，泵盖就绘制完成了。

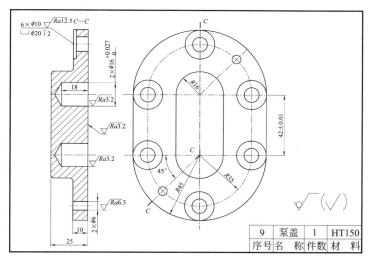

图8-30 给泵盖加上图框、标题栏和其余粗糙度

8.3　泵体的绘图步骤

箱体类零件用于支撑、包容和保护运动零件或其他零件，其结构形状一般比较复杂，例如泵体、阀体、减速器箱体以及气、液压缸体等。这类零件都是部件的主体零

件，许多零件要装在其上面，它们多是中空的壳或箱，组成结构有壁，连接固定用的凸缘，支撑用的轴孔、肋板，固定用的底板等。箱体零件大部分是铸造而成的，也有焊接而成的，部分结构要经机械加工而成。

箱体类零件的加工位置较多，但箱体在机器中的工作位置是固定的，所以一般以箱体零件的工作位置和能较多反映形状特征及各部分相对位置的视图作为主视图。一般需要三个或三个以上的基本视图，且常常取剖视，表达其内外结构形状。对细小的结构可采用局部视图、局部剖视图和断面图来表示。

泵体的零件图如图8-31所示。下面是绘制零件"泵体"的具体过程。

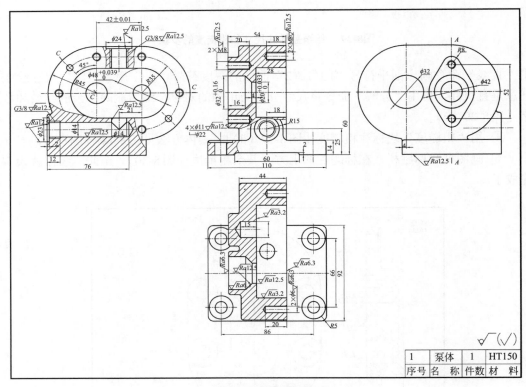

图8-31　泵体的零件图

8.3.1　绘制主视图

① 把"极轴追踪"设置为45°。选择"粗实线"层作为当前层，用"矩形"命令绘制一个110mm×14mm的矩形、一个60mm×2mm的矩形和一个30mm×11mm的矩形［图8-32（a）］。

② 用"移动"命令将30mm×11mm矩形下面中点移动到110mm×14mm矩形上面中点处，把60mm×2mm矩形下面中点移动到110mm×14mm矩形下面中点处。以30mm×11mm矩形的顶边中点为圆心，用"圆"命令绘制一个半径为15mm的圆。再绘制两个同心圆，圆心与半径为15mm的圆同心，半径分别是11.5mm和7mm［图8-32（b）］。

③ 用"修剪"命令去掉多余的线［图8-32（c）］。

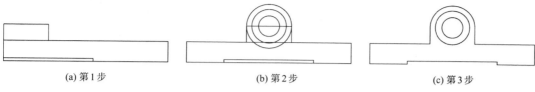

(a) 第1步　　　　　　(b) 第2步　　　　　　(c) 第3步

图8-32　　绘制泵体主视图的步骤（一）

④ 用"矩形"命令绘制一个44mm×91mm的矩形、一个10mm×68mm的矩形［图8-33（a）］。

⑤ 用"移动"命令把44mm×91mm的矩形向右移动29mm，再把10mm×68mm矩形右边的中点移动到44mm×91mm矩形左边的中点处［图8-33（b）］。

⑥ 用"修剪"命令去掉多余的线［图8-33（c）］。

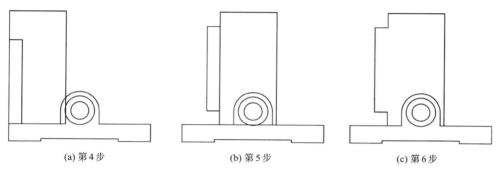

(a) 第4步　　　　　　(b) 第5步　　　　　　(c) 第6步

图8-33　　绘制泵体主视图的步骤（二）

⑦ 用"矩形"命令绘制一个16mm×32mm的矩形、一个28mm×48mm的矩形和一个4mm×20mm的矩形［图8-34（a）］。

⑧ 用"移动"命令把16mm×32mm矩形左边的中点移动到10mm×68mm矩形左边的中点处。把28mm×48mm矩形右边的中点移动到44mm×91mm矩形右边的中点处。把4mm×20mm矩形右边的中点移动到28mm×48mm矩形左边的中点处［图8-34（b）］。

⑨ 用"直线"命令把16mm×32mm矩形和4mm×20mm的矩形通过斜线连接起来［图8-34（c）］。

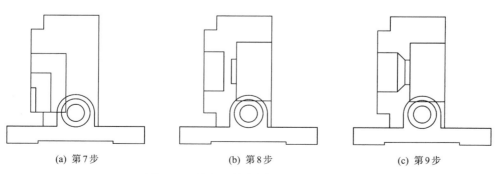

(a) 第7步　　　　　　(b) 第8步　　　　　　(c) 第9步

图8-34　　绘制泵体主视图的步骤（三）

⑩ 选择"中心线"层作为当前层，用"直线"命令绘制泵体内部的水平中心线。其中最长的水平中心线是泵体的主中心线，它与底面相距60mm，右边的靠上水平中心线与底面相距95mm，长度约为22mm；右边靠下的水平中心线与底面相距25mm，长度约为33mm；左边靠上的水平中心线与底面相距86mm，长度约为24mm；左边靠下的水平中心线与底面相距34mm，长度约为24mm［图8-35（a）］。

⑪ 用"直线"命令绘制泵体内部的垂直中心线。中间的垂直中心线是底板的左右对称线，长度约为40mm（这条中心线略短，但由于后面要对主视图进行局部剖，所以不需要太长）；而左边和右边的垂直中心线与中间的垂直中心线相距43mm，长度约为18mm［图8-35（b）］。

⑫ 选择"粗实线"层作为当前层，用"矩形"命令绘制一个22mm×2mm的矩形、一个11mm×12mm的矩形［图8-35（c）］。

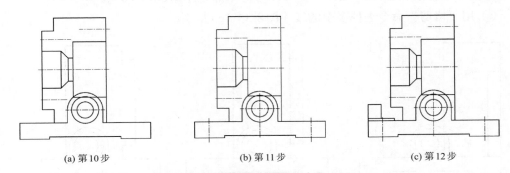

(a) 第10步　　　　　　　(b) 第11步　　　　　　　(c) 第12步

图8-35　绘制泵体主视图的步骤（四）

⑬ 用"移动"命令把22mm×2mm矩形顶边的中点移动到垂直中心线与水平粗实线的交点，再把11mm×12mm矩形顶边的中点移动到22mm×2mm矩形底边的中点处［图8-36（a）］。

⑭ 用"矩形"命令绘制一个18mm×9.5mm的矩形和一个20mm×9.5mm的矩形［图8-36（b）］。其中9.5mm是螺纹M8的小径。

⑮ 用"移动"命令把18mm×9.5mm矩形右边的中点移动到右边靠上的水平中心线与垂直粗实线的交点处，再把20mm×9.5mm矩形左边的中点移动到左边靠上的水平中心线与垂直粗实线的交点处［图8-36（c）］。

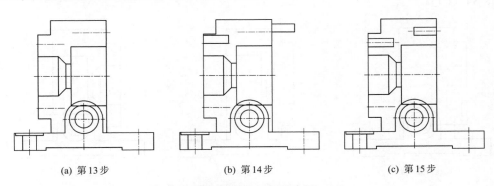

(a) 第13步　　　　　　　(b) 第14步　　　　　　　(c) 第15步

图8-36　绘制泵体主视图的步骤（五）

⑯ 把"极轴追踪"设置为30°，用"直线"命令绘制螺纹孔的工艺锥孔，即两条与垂直线呈30°角的斜线［图8-37（a）］。

⑰ 选择"剖面线"层作为当前层，用"直线"命令绘制右端螺纹M8的大径，它与螺纹中心线相距4mm，长度为18mm。再用"镜像"命令画出对称的大径线。再用相同的方法绘制左端螺纹M8的大径，它与螺纹中心线相距4mm，长度为20mm［图8-37（b）］。

⑱ 用"分解"命令分解18mm×9.5mm的矩形和20mm×9.5mm的矩形（这个命令没有明显的视觉效果）。再用"延伸"命令把螺纹M8的底边延长到大径线上［图8-37（c）］。

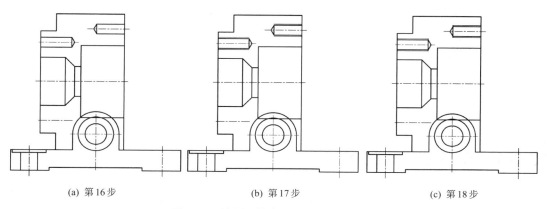

(a) 第16步　　　　　　　(b) 第17步　　　　　　　(c) 第18步

图8-37 绘制泵体主视图的步骤（六）

⑲ 用"复制"或"镜像"命令绘制左端面下方的螺纹M8［图8-38（a）］。

⑳ 用"圆"命令绘制管螺纹G3/8的大径圆，其半径是8.4mm，圆心在R15mm的圆心处。再用"修剪"命令去除1/4圆弧［图8-38（b）］。

㉑ 用"样条曲线"命令绘制两条波浪线，作为剖与不剖的分界线［图8-38（c）］。

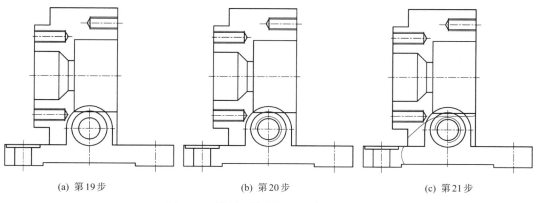

(a) 第19步　　　　　　　(b) 第20步　　　　　　　(c) 第21步

图8-38 绘制泵体主视图的步骤（七）

㉒ 以刚才绘制的波浪线为边界，用"修剪"命令去掉多余的线［图8-39（a）］。

㉓ 用"圆角"命令给主视图上的各个角点圆角，圆角半径是2mm［图8-39（b）］。

㉔ 用"剖面线"命令给主视图打剖面线，注意螺纹部分的剖面线要打到粗实线为止［图8-39（c）］。至此，主视图就绘制完成了。

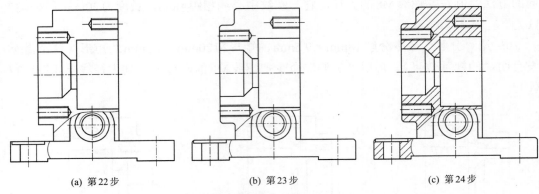

(a) 第22步　　　　　　　　　　(b) 第23步　　　　　　　　　　(c) 第24步

图8-39　绘制泵体主视图的步骤（八）

8.3.2　标注主视图的尺寸

① 选择"尺寸"层作为当前层，用"直线尺寸"标注如图8-40（a）所示的尺寸。

② 用"直线尺寸"标注带上下偏差的尺寸［图8-40（b）］。

③ 用"直线"命令和"文字"命令标注底部的安装孔尺寸［图8-40（c）］。

用"粗糙度"块标注粗糙度［图8-40（d）］。

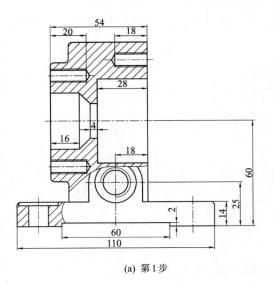

(a) 第1步

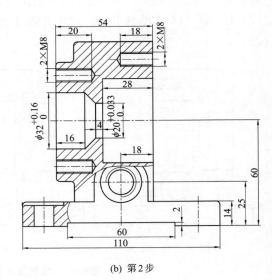

(b) 第2步

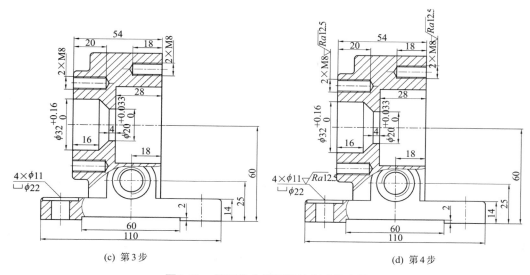

(c) 第3步   (d) 第4步

图8-40   给泵体主视图标注尺寸的步骤

8.3.3   绘制俯视图

① 选择"粗实线"层作为当前层，用"矩形"命令绘制一个110mm×92mm的矩形 [图8-41 (a)]。

② 用"圆角"命令将矩形的4个尖角变成圆角，圆角半径为5mm。选择"中心线"层作为当前层，绘制矩形的对称水平中心线和对称垂直中心线。再在矩形的一角绘制较短的水平和垂直中心线，其中垂直中心线与矩形左边界相距12mm，水平中心线与矩形顶边相距13mm [图8-41 (b)]。

③ 选择"粗实线"层作为当前层，用"圆"命令绘制两个同心圆，这两个圆的圆心是矩形左上角的水平和垂直中心线的交点，半径分别是8.5mm和11mm [图8-41 (c)]。

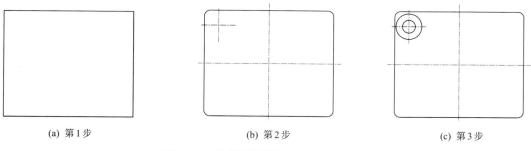

(a) 第1步   (b) 第2步   (c) 第3步

图8-41   绘制泵体俯视图的步骤（一）

④ 用"镜像"命令，将矩形左上角的两个同心圆及其中心线镜像到矩形的右边，再次使用"镜像"命令，将矩形顶部的4个同心圆及其中心线镜像到矩形的下边 [图8-42 (a)]。

⑤ 用"矩形"命令绘制一个44mm×132mm的矩形、一个10mm×42mm的矩形和

一个10mm×32mm的矩形［图8-42（b）］。

⑥ 用"移动"命令把44mm×132mm的矩形移动(@–26,1)，10mm×42mm的矩形移动(@–36,25)，10mm×32mm的矩形移动(@–36,72)［图8-42（c）］。

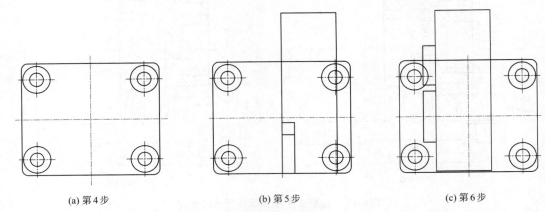

(a) 第4步   (b) 第5步   (c) 第6步

图8-42　绘制泵体俯视图的步骤（二）

⑦ 用"修剪"命令去掉多余的线［图8-43（a）］。

⑧ 用"矩形"命令绘制一个28mm×90mm的矩形［图8-43（b）］。

⑨ 用"移动"命令把28mm×90mm矩形的右边中点移动到44mm×132mm矩形的右边中点上［图8-43（c）］。

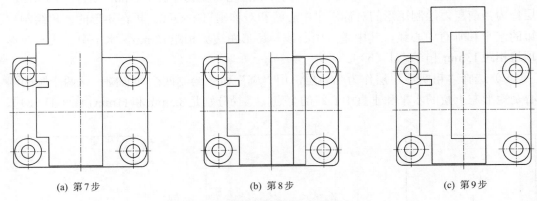

(a) 第7步   (b) 第8步   (c) 第9步

图8-43　绘制泵体俯视图的步骤（三）

⑩ 用"复制"命令把主视图中带圆锥的阶梯孔复制到俯视图上［图8-44（a）］。

⑪ 用"复制"命令把主视图右端的螺纹孔复制到俯视图上［图8-44（b）］。

⑫ 选择"中心线"层作为当前层，用"直线"命令从10mm×32mm的矩形右边界的中点绘制一条水平中心线。再用"复制"命令把"泵盖"主视图上的孔复制到俯视图上［图8-44（c）］。

⑬ 用"拉伸"命令把刚才从"泵盖"主视图复制过来的孔缩短3mm［图8-45（a）］。

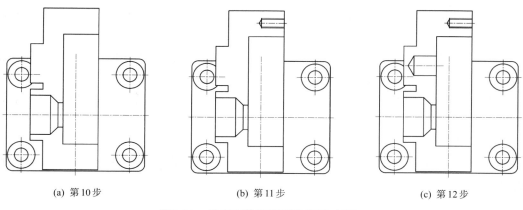

(a) 第10步   (b) 第11步   (c) 第12步

图8-44 绘制泵体俯视图的步骤（四）

⑭ 用"直线"命令在俯视图的下部绘制一条水平中心线，它与最长的水平中心线相距35mm［图8-45（b）］。

⑮ 选择"粗实线"层作为当前层，用"矩形"命令绘制一个20mm×6mm的矩形［图8-45（c）］。

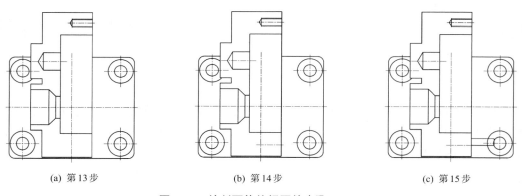

(a) 第13步   (b) 第14步   (c) 第15步

图8-45 绘制泵体俯视图的步骤（五）

⑯ 用"移动"命令把20mm×6mm矩形的右边中点移动到水平中心线与垂直粗实线的交点处［图8-46（a）］。

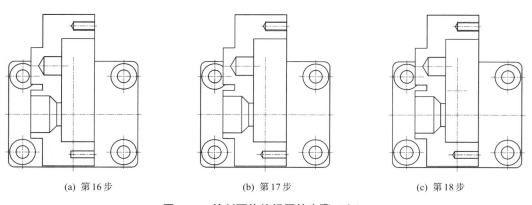

(a) 第16步   (b) 第17步   (c) 第18步

图8-46 绘制泵体俯视图的步骤（六）

⑰ 把"极轴追踪"设置为30°，用"直线"命令绘制120°的三角形［图8-46（b）］。

⑱ 选择"中心线"层作为当前层，用"直线"命令绘制一条水平中心线，它与最长的水平中心线相距21mm［图8-46（c）］。

⑲ 选择"粗实线"层作为当前层，用"圆"命令绘制一个半径为7mm的圆［图8-47（a）］。

⑳ 用"矩形"命令绘制一个30mm×1mm的矩形［图8-47（b）］。

㉑ 用"移动"命令把30mm×1mm矩形的底边中点移动到110mm×92mm矩形的底边中点上［图8-47（c）］。

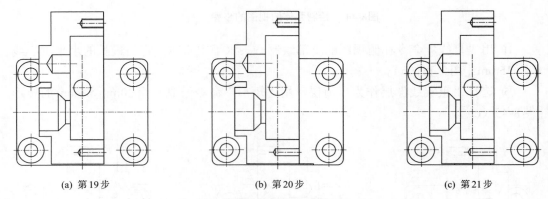

(a) 第19步　　　　　　　　(b) 第20步　　　　　　　　(c) 第21步

图8-47　绘制泵体俯视图的步骤（七）

㉒ 用夹点方式缩短最长的垂直中心线。方法是不选择任何命令，直接用鼠标选中最长的垂直中心线，在该直线上会出现3个夹点，用鼠标拖动两端的夹点，就可以缩短该中心线［图8-48（a）］。

㉓ 用"圆角"命令将俯视图上的各个尖角变成圆角，圆角半径是2mm［图8-48（b）］。

㉔ 用"剖面线"命令给俯视图打剖面线，注意螺纹部分的剖面线要打到粗实线为止［图8-48（c）］。至此，俯视图就绘制完成了。

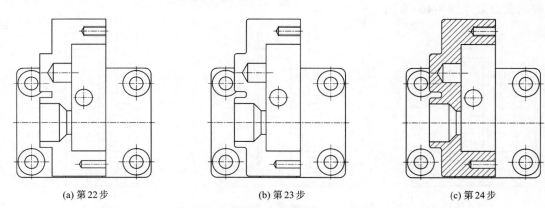

(a) 第22步　　　　　　　　(b) 第23步　　　　　　　　(c) 第24步

图8-48　绘制泵体俯视图的步骤（八）

8.3.4 标注俯视图

① 选择"尺寸"层作为当前层,用"直线尺寸"标注如图8-49(a)所示的尺寸。
② 用"粗糙度"块标注粗糙度[图8-49(b)]。
③ 用"打断"命令将遮住数字的线条打断[图8-49(c)]。

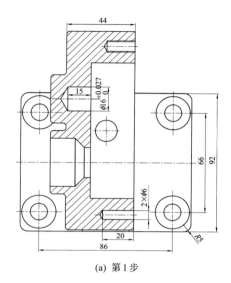

(a) 第1步

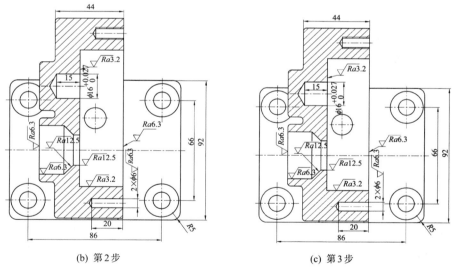

(b) 第2步   (c) 第3步

图8-49 标注泵体俯视图的步骤

8.3.5 绘制左视图

① 选择"粗实线"层作为当前层,用"矩形"命令绘制一个42mm×90mm的矩形[图8-50(a)]。

② 用"圆"命令，分别以矩形左边和右边的中点为圆心，绘制两个半径为45mm的圆［图8-50（b）］。

③ 用"修剪"命令去掉多余的线，生成一个长圆形［图8-50（c）］。

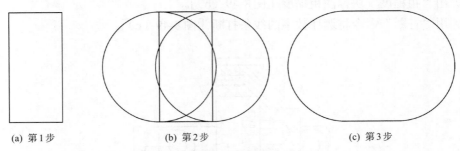

(a) 第1步   (b) 第2步   (c) 第3步

图8-50   绘制泵体左视图的步骤（一）

④ 用"圆"命令，以右半圆的圆心为圆心，绘制一个半径为21mm的圆［图8-51（a）］。

⑤ 用"直线"命令从刚才绘制的圆心开始，向上绘制一条长度为26mm的垂直线。再用"圆"命令，以垂直线的上部端点为圆心，绘制一个半径为8mm的圆［图8-51（b）］。

⑥ 用"镜像"命令，镜像刚才绘制的半径为8mm的圆。镜像线是半径为21mm的圆的水平对称轴［图8-51（c）］。

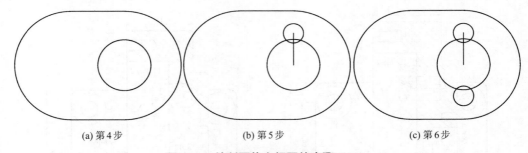

(a) 第4步   (b) 第5步   (c) 第6步

图8-51   绘制泵体左视图的步骤（二）

⑦ 用"直线"命令绘制半径为21mm的圆和半径为8mm的圆的公切线。具体方法是，单击"直线"命令，再按住键盘上的Shift键的同时，单击鼠标右键，屏幕上会显示一个弹出式菜单，在其中选择"切点"，然后单击半径为21mm的圆，这样就选择了半径为21mm的圆的切点。之后重复刚才的步骤，单击鼠标右键，屏幕上会显示一个弹出式菜单，在其中选择"切点"，然后单击半径为8mm的圆，这样，就绘制出了半径为21mm的圆和半径为8mm的圆的公切线［图8-52（a）］。

⑧ 用"镜像"命令，镜像刚才绘制的公切线。镜像线分别是半径为21mm的圆的水平对称轴和垂直对称轴［图8-52（b）］。

⑨ 用"修剪"命令去掉多余的线［图8-53（a）］。

⑩ 用"圆"命令，以半径为21mm的圆的圆心为圆心，绘制两个同心圆，半径分别是10mm和19mm［图8-53（b）］。

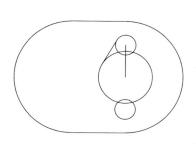

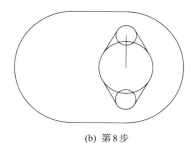

(a) 第7步

(b) 第8步

图8-52 绘制泵体左视图的步骤（三）

⑪ 用"圆"命令，以长圆形中左圆的圆心为圆心，绘制一个半径为16mm的圆[图8-53（c）]。

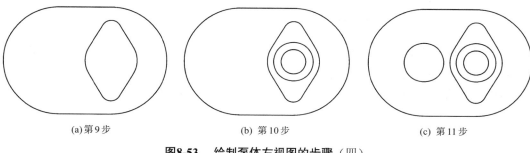

(a) 第9步

(b) 第10步

(c) 第11步

图8-53 绘制泵体左视图的步骤（四）

⑫ 选择"中心线"层作为当前层，用"直线"命令给长圆形绘制中心线，再给半径为8mm的圆弧绘制中心线。最后绘制一条水平中心线，它与长圆形的水平中心线相距35mm [图8-54（a）]。

⑬ 用"圆"命令，以半径为8mm的圆弧的圆心为圆心，绘制一个半径为3.2mm的圆，作为螺纹的小径。再选择"剖面线"层作为当前层，用"圆"命令，以半径为8mm的圆弧的圆心为圆心，绘制一个半径为4mm的圆，作为螺纹的大径。最后用"修剪"命令去掉多余的线，使螺纹的大径为3/4的圆 [图8-54（b）]。

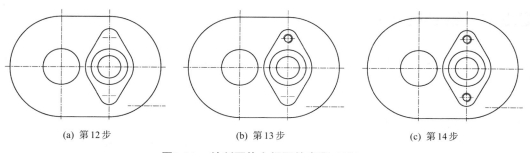

(a) 第12步

(b) 第13步

(c) 第14步

图8-54 绘制泵体左视图的步骤（五）

⑭ 用"镜像"命令镜像刚才绘制的螺纹大小径。镜像线是半径为21mm的圆的水平中心线 ［图8-54（c）］。

⑮ 选择"粗实线"层作为当前层，用"矩形"命令绘制一个92mm×14mm的矩形 ［图8-55（a）］。

⑯ 用"移动"命令把该矩形向下移动15mm，向左移动4mm ［图8-55（b）］。

⑰ 用"直线"命令从矩形右上角开始，绘制一条长度为26mm的直线，再向左绘制水平线，与长圆形相交 ［图8-55（c）］。

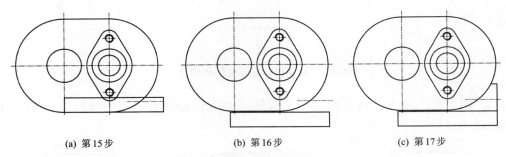

(a) 第15步   (b) 第16步   (c) 第17步

图8-55　　绘制泵体左视图的步骤（六）

⑱ 用"圆角"命令给各个尖角圆角，圆角半径是2mm。注意圆角时，应按从右到左的顺序进行。最后删除多余的水平线 ［图8-56（a）］。至此，左视图就绘制好了。

⑲ 下面给该左视图添加图的标注、尺寸和粗糙度 ［图8-56（b）］。

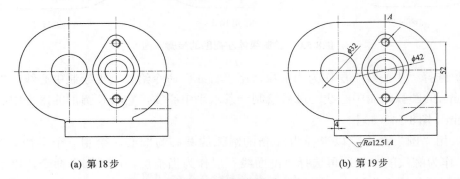

(a) 第18步   (b) 第19步

图8-56　　绘制泵体左视图的步骤（七）

8.3.6　绘制右视图

① 关闭"尺寸"层和"剖面线"层，复制刚才绘制的左视图，再删除多余的线条 ［图8-57（a）］。

② 打开"尺寸"层和"剖面线"层，用"镜像"命令镜像上一步得到的图形，就得到右视图的轮廓 ［图8-57（b）］。

③ 用"偏移"命令绘制两个长圆形，偏移距离分别是10mm和21mm ［图8-57（c）］。

④ 用"延长"命令将里面两个长圆形延长到垂直中心线上，再选择"粗实线"层

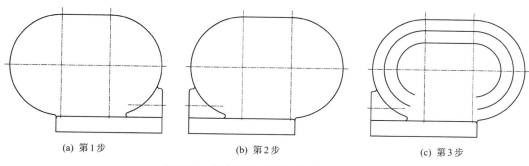

(a) 第1步　　　　　　　　　(b) 第2步　　　　　　　　　(c) 第3步

图8-57　绘制泵体右视图的步骤（一）

作为当前层，用"直线"命令绘制最里面那个长圆形的两个圆弧之间的水平连线［图8-58（a）］。

　　⑤ 单击中间的长圆形，再单击"图层"中的"中心线"，就将中间的长圆形变成中心线。再用"圆"命令，分别以长圆形的两个圆心为圆心，绘制两个圆，半径分别是10mm和8mm［图8-58（b）］。

　　⑥ 用"矩形"命令绘制一个24mm×2mm的矩形和一个14.95mm×19mm的矩形［图8-58（c）］。

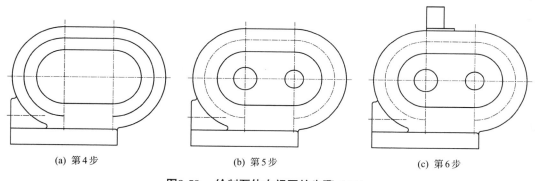

(a) 第4步　　　　　　　　　(b) 第5步　　　　　　　　　(c) 第6步

图8-58　绘制泵体右视图的步骤（二）

　　⑦ 用"移动"命令把24mm×2mm矩形顶边的中点移动到右视图顶边的中点处，再把14.95mm×19mm矩形顶边的中点移动到24mm×2mm矩形顶边的中点处［图8-59（a）］。

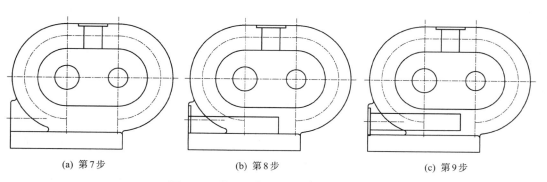

(a) 第7步　　　　　　　　　(b) 第8步　　　　　　　　　(c) 第9步

图8-59　绘制泵体右视图的步骤（三）

⑧ 用"矩形"命令绘制一个2mm×23mm的矩形和一个74mm×14mm的矩形［图8-59（b）］。

⑨ 用"移动"命令把2mm×23mm矩形左边的中点移动到右视图左边垂直线与水平中心线的交点处，再把74mm×14mm矩形左边的中点移动到2mm×23mm矩形左边的中点处［图8-59（c）］。

⑩ 用"直线"命令绘制120°的三角形。再用"修剪"命令去掉多余的线。延长74mm×14mm矩形的中心线［图8-60（a）］。

⑪ 选择"中心线"层作为当前层，用"直线"命令绘制泵体中间管螺纹的中心线［图8-60（b）］。

⑫ 选择"粗实线"层作为当前层，用"矩形"命令绘制一个14mm×4mm的矩形［图8-60（c）］。

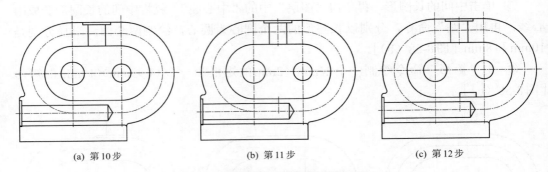

(a) 第10步　　　　　　(b) 第11步　　　　　　(c) 第12步

图8-60　绘制泵体右视图的步骤（四）

⑬ 用"移动"命令把14mm×4mm矩形顶边的中点移动到泵体中间管螺纹的中心线与水平粗实线的交点处［图8-61（a）］。

⑭ 用"直线"命令绘制两条45°的斜线，再用"修剪"命令去除多余的线条［图8-61（b）］。

⑮ 用"复制"命令将左视图中的螺纹孔复制到右视图指定的5个位置上［图8-61（c）］。

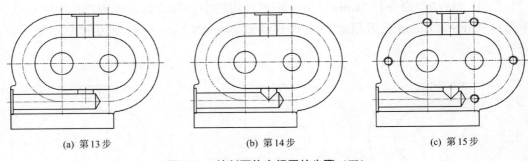

(a) 第13步　　　　　　(b) 第14步　　　　　　(c) 第15步

图8-61　绘制泵体右视图的步骤（五）

⑯ 把"极轴追踪"设置为45°，选择"中心线"层作为当前层，用"直线"命令绘制两个定位销孔的中心线［图8-62（a）］。

⑰ 选择"粗实线"层作为当前层，用"圆"命令绘制两个半径为3mm的圆［图

8-62（b）]。

⑱ 选择"剖面线"层作为当前层，用"直线"命令绘制管螺纹的大径线，该大径线与中心线相距8.331mm。再选择"粗实线"层作为当前层，用"直线"命令绘制管螺纹的螺纹终止线［图8-62（c）］。

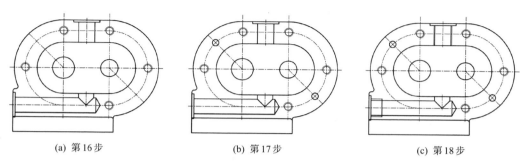

(a) 第16步　　　　　　　　　(b) 第17步　　　　　　　　　(c) 第18步

图8-62　　绘制泵体右视图的步骤（六）

⑲ 选择"剖面线"层作为当前层，用"样条曲线"命令绘制波浪线［图8-63（a）］。

⑳ 用"剖面线"命令给右视图打剖面线。注意螺纹部分的剖面线要打到粗实线为止［图8-63（b）］。至此，右视图就绘制完成了。

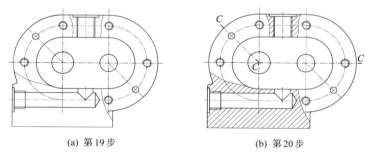

(a) 第19步　　　　　　　　　(b) 第20步

图8-63　　绘制泵体右视图的步骤（七）

㉑ 选择"尺寸"层作为当前层，用"尺寸"命令标注尺寸［图8-64（a）］。

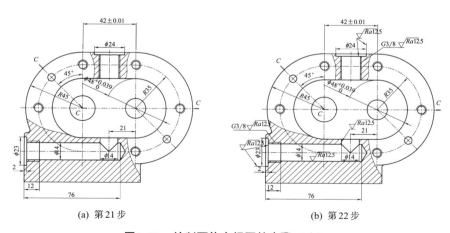

(a) 第21步　　　　　　　　　(b) 第22步

图8-64　　绘制泵体右视图的步骤（八）

㉒ 用"粗糙度"块标注粗糙度［图8-64（b）］。

㉓ 用"打断"命令将遮住数字的线条打断（图8-65）。

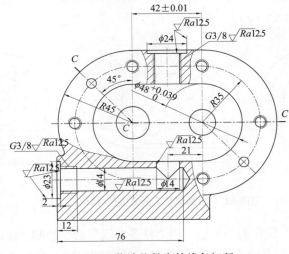

图8-65 将遮住数字的线条打断

8.3.7 整理

① 用"移动"命令，将主视图、俯视图、左视图和右视图移动到对应的位置，如图8-66所示。

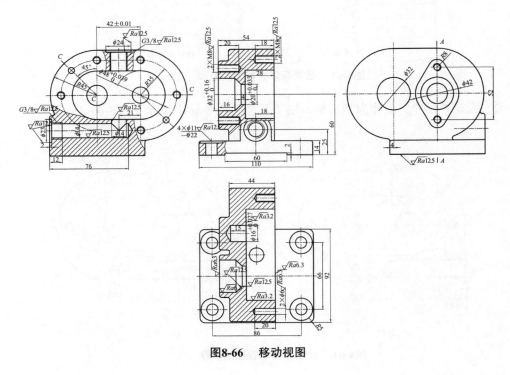

图8-66 移动视图

② 用"矩形"命令添加一个238mm×168mm的矩形边框，在边框的右下角添加其余粗糙度符号，如图8-67所示。

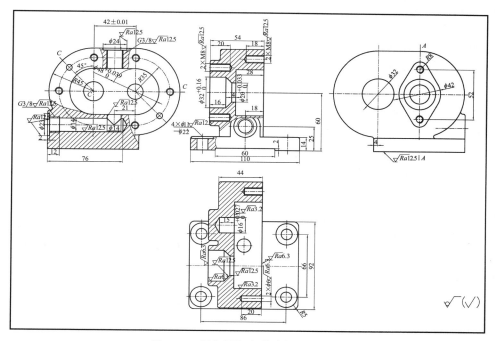

图8-67 添加图框和其余粗糙度符号

③ 添加标题栏，如图8-68所示。

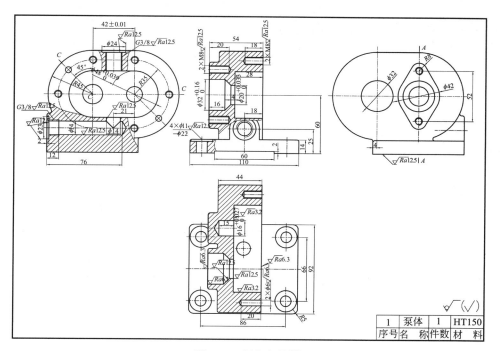

1	泵体	1	HT150
序号	名称	件数	材　料

图8-68 添加标题栏

8.4 齿轮泵装配图

　　齿轮泵是将油箱内润滑油吸入，经加压输往需要润滑部位的部件。使用时，动力由皮带轮传入，再通过键传给主动齿轮轴，由主动齿轮轴带动从动齿轮轴转动。齿轮在运转过程中使上边空间成为低压区，而下边成为高压区，润滑油便由进油口吸入，经出油口流向需要润滑的部位（图8-69）。为防止漏油，在泵盖与泵体之间加有垫片，可以借其调节齿轮端面与泵体、泵盖间的间隙，在主动齿轮轴右端加有填料及填料压盖，防止沿轴向漏油。

　　齿轮泵的装配图如图8-70所示。下面是绘制"齿轮泵"装配图的具体过程。

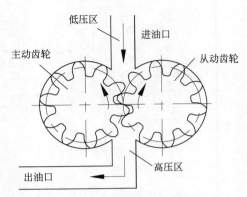

图8-69　齿轮泵的工作原理图

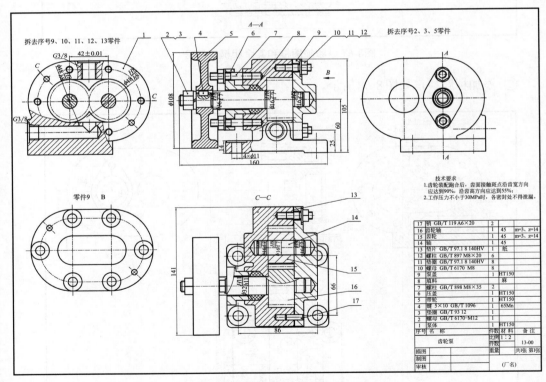

图8-70　齿轮泵的装配图

8.4.1 齿轮泵装配主视图

准备各个零件的零件图，如图8-71所示。

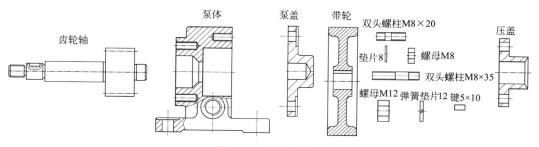

图8-71 准备零件图

① 用"移动"命令把泵盖左端面的中点移动到泵体主水平线与垂直粗实线的交点处，即把泵盖装到泵体上［图8-72（a）］。

② 用"移动"命令把齿轮轴上带轮齿部分的左端面中点移动到泵盖左端面的中点处，将齿轮轴装入泵体［图8-72（b）］。

③ 用"修剪"命令去掉多余的线［图8-72（c）］。

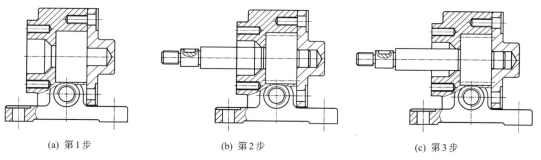

(a) 第1步   (b) 第2步   (c) 第3步

图8-72 装配齿轮泵主视图的步骤（一）

④ 用"移动"命令使压盖的水平中心线与齿轮轴的水平中心线重合，且压盖与泵体相距9mm［图8-73（a）］。

⑤ 用"修剪"命令去掉多余的线［图8-73（b）］。

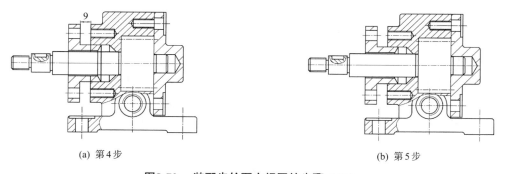

(a) 第4步   (b) 第5步

图8-73 装配齿轮泵主视图的步骤（二）

⑥ 用"移动"命令使带轮的水平中心线与齿轮轴的水平中心线重合，且带轮轮毂左端面的中点与齿轮轴上带键槽的轴段右端面的中点重合［图8-74（a）］。

⑦ 用"修剪"命令去掉多余的线［图8-74（b）］。

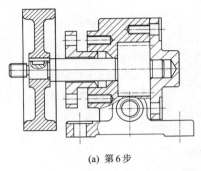 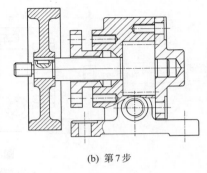

（a）第6步   （b）第7步

图8-74 装配齿轮泵主视图的步骤（三）

⑧ 用"移动"命令把键装入键槽，注意键的左下角点与键槽的左下角点重合［图8-75（a）］。

⑨ 用"修剪"命令去掉多余的线［图8-75（b）］。

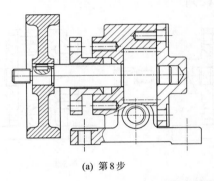 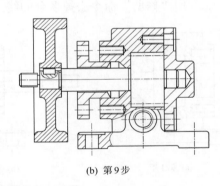

（a）第8步   （b）第9步

图8-75 装配齿轮泵主视图的步骤（四）

⑩ 用"移动"命令使弹簧垫片12的水平中心线与齿轮轴的水平中心线重合，且弹簧垫片12的右端面与带轮轮毂的左端面对齐［图8-76（a）］。

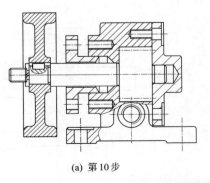 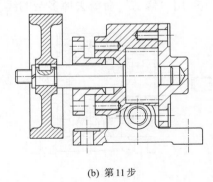

（a）第10步   （b）第11步

图8-76 装配齿轮泵主视图的步骤（五）

⑪ 用"修剪"命令去掉多余的线 [图8-76（b）]。

⑫ 用"移动"命令使螺母M12的水平中心线与齿轮轴的水平中心线重合，且螺母M12的右端面与弹簧垫片12的左端面对齐 [图8-77（a）]。

⑬ 用"修剪"命令去掉多余的线 [图8-77（b）]。

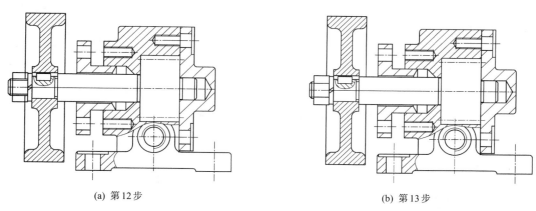

(a) 第12步　　　　　　　　　　　　　　　(b) 第13步

图8-77　装配齿轮泵主视图的步骤（六）

⑭ 用"移动"命令使双头螺柱M8×20的水平中心线与泵盖上阶梯孔的水平中心线重合，且双头螺柱M8×20左端螺纹的螺纹终止线与泵体右端面对齐 [图8-78（a）]。

⑮ 用"移动"命令使垫片8的水平中心线与泵盖上阶梯孔的水平中心线重合，且垫片8的左端面与泵盖上阶梯孔的小孔右端面对齐 [图8-78（b）]。

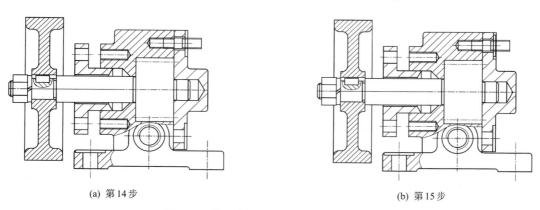

(a) 第14步　　　　　　　　　　　　　　　(b) 第15步

图8-78　装配齿轮泵主视图的步骤（七）

⑯ 用"移动"命令使螺母M8的水平中心线与泵盖上阶梯孔的水平中心线重合，且螺母M8的左端面与垫片8的右端面对齐 [图8-79（a）]。

⑰ 用"修剪"命令去掉多余的线 [图8-79（b）]。

⑱ 用"复制"命令把螺母和螺母右端的螺杆镜像到泵盖下面的阶梯孔中。用"修剪"命令去掉多余的线 [图8-80（a）]。

⑲ 用"移动"命令使双头螺柱M8×35的水平中心线与泵体左端螺孔的水平中心线重合，且双头螺柱M8×35右端螺纹的螺纹终止线与泵体左端面对齐 [图8-80（b）]。

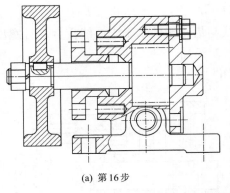 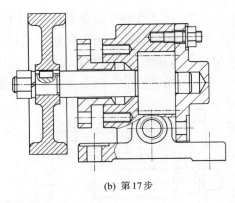

(a) 第 16 步　　　　　　　　　　　　　　　　　(b) 第 17 步

图8-79　装配齿轮泵主视图的步骤（八）

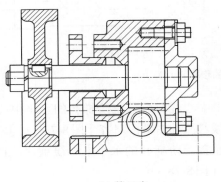 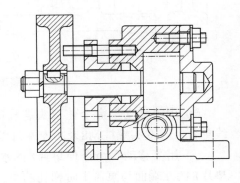

(a) 第 18 步　　　　　　　　　　　　　　　　　(b) 第 19 步

图8-80　装配齿轮泵主视图的步骤（九）

⑳ 用"移动"命令使垫片8的水平中心线与泵体左端螺孔的水平中心线重合，且垫片8的右端面与压盖左端上光孔的左端面对齐［图8-81（a）］。

㉑ 用"移动"命令使螺母M8的水平中心线与泵体左端螺孔的水平中心线重合，且螺母M8的右端面与垫片8的左端面对齐［图8-81（b）］。

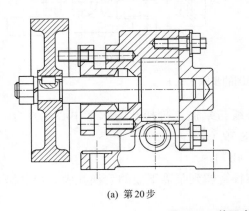

(a) 第 20 步　　　　　　　　　　　　　　　　　(b) 第 21 步

图8-81　装配齿轮泵主视图的步骤（十）

㉒ 用"修剪"命令去掉多余的线［图8-82（a）］。

㉓ 用"复制"命令把螺母和螺母右端的螺杆镜像到泵体下面的阶梯孔中。用"修剪"命令去掉多余的线［图8-82（b）］。

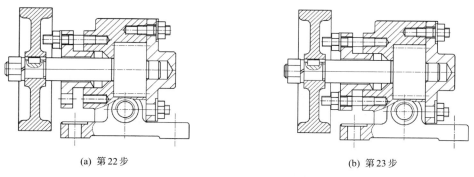

(a) 第22步　　　　　　　　　　　　　　　(b) 第23步

图8-82　装配齿轮泵主视图的步骤（十一）

㉔ 泵盖应采用局部剖，所以先删除泵盖的剖面线，把泵体上的波浪线延长到泵盖上［图8-83（a）］。

㉕ 以泵盖上新画的波浪线为边界，去除多余的线条。再以该波浪线为边界，给泵盖打剖面线［图8-83（b）］。

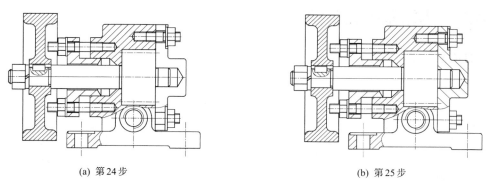

(a) 第24步　　　　　　　　　　　　　　　(b) 第25步

图8-83　装配齿轮泵主视图的步骤（十二）

㉖ 在填料所在部位去掉多余的线，再给填料打剖面线［图8-84（a）］。

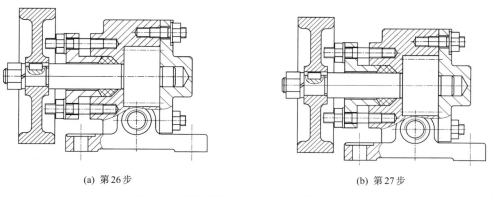

(a) 第26步　　　　　　　　　　　　　　　(b) 第27步

图8-84　装配齿轮泵主视图的步骤（十三）

㉗ 泵体上安装双头螺柱的部位的剖面线不对，需要重新打剖面线［图8-84（b）］。

㉘ 给主视图标注尺寸（图8-85）。

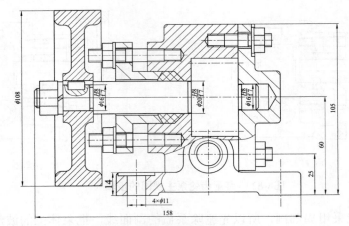

图8-85　装配齿轮泵主视图的第27步

至此，主视图就装配好了。

8.4.2　齿轮泵装配俯视图

准备各个零件的零件图，如图8-86所示。

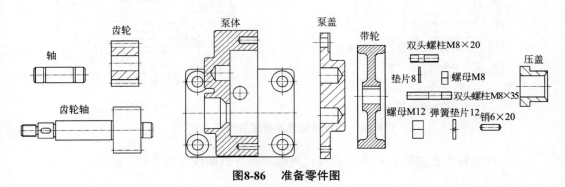

图8-86　准备零件图

① 用"移动"命令把泵盖左端面的中点移动到泵体主水平线与垂直粗实线的交点处，即把泵盖装到泵体上［图8-87（a）］。

② 用"修剪"命令去掉多余的线［图8-87（b）］。

③ 用"移动"命令把轴移动到泵体的空腔中，使轴的水平中心线与泵体的中间上部的中心线重合，轴右端退刀槽与水平中心线的交点与泵盖左端中心线与垂直粗实线的交点重合［图8-87（c）］。

④ 用"移动"命令把齿轮移动到轴上，使齿轮的水平中心线与轴的水平中心线重合，齿轮右端中心线与垂直粗实线的交点与泵盖左端中心线与垂直粗实线的交点重合［图8-88（a）］。

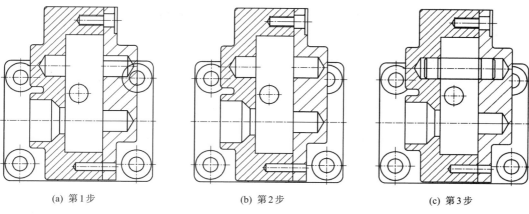

(a) 第 1 步　　　　　　　　　(b) 第 2 步　　　　　　　　　(c) 第 3 步

图8-87　装配齿轮泵俯视图的步骤（一）

　⑤ 用"删除"命令去掉看不见的圆［图8-88（b）］。

　⑥ 用"移动"命令把齿轮轴移动到泵体的空腔中，使轴的水平中心线与泵体的中间下部的中心线重合，齿轮轴右端退刀槽与水平中心线的交点与泵盖左端中心线与垂直粗实线的交点重合［图8-88（c）］。

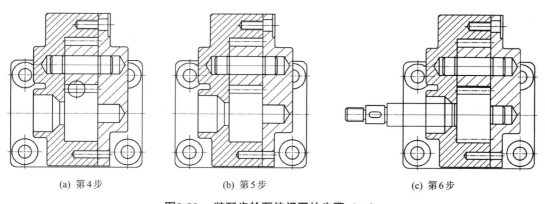

(a) 第 4 步　　　　　　　　　(b) 第 5 步　　　　　　　　　(c) 第 6 步

图8-88　装配齿轮泵俯视图的步骤（二）

　⑦ 用"修剪"命令去掉多余的线，再用"样条曲线"命令绘制波浪线，用"剖面线"命令给局部剖的地方打剖面线［图8-89（a）］。

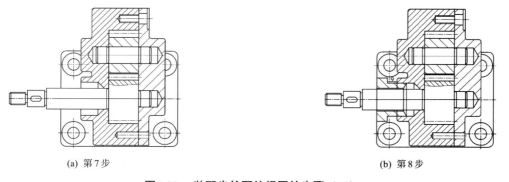

(a) 第 7 步　　　　　　　　　　　　　(b) 第 8 步

图8-89　装配齿轮泵俯视图的步骤（三）

⑧ 用"移动"命令把压盖移动到齿轮轴上，使齿轮轴的水平中心线与压盖的水平中心线重合，且压盖与泵体相距9mm［图8-89（b）］。

⑨ 用"修剪"命令去掉多余的线［图8-90（a）］。

⑩ 在填料所在部位去掉多余的线，再给填料打剖面线［图8-90（b）］。

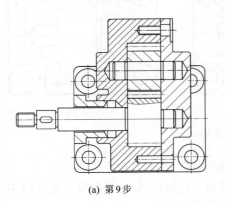 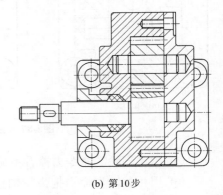

(a) 第9步   (b) 第10步

图8-90　装配齿轮泵俯视图的步骤（四）

⑪ 因为带轮与齿轮轴的装配关系在主视图中已表达清楚，俯视图只需表达两个齿轮的啮合关系，所以俯视图采用局部剖的方式。先删除压盖的剖面线，用"样条曲线"命令在压盖上绘制波浪线，再以波浪线为分界，给压盖打剖面线。最后去掉多余的线［图8-91（a）］。

⑫ 用"移动"命令使带轮的水平中心线与齿轮轴的水平中心线重合，且带轮轮毂左端面的中点与齿轮轴上带键槽的轴段右端面的中点重合［图8-91（b）］。

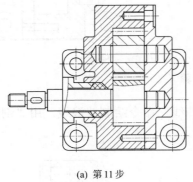 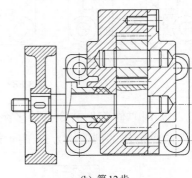

(a) 第11步   (b) 第12步

图8-91　装配齿轮泵俯视图的步骤（五）

⑬ 用"移动"命令使弹簧垫片12的水平中心线与齿轮轴的水平中心线重合，且弹簧垫片12的右端面与带轮轮毂的左端面对齐［图8-92（a）］。

⑭ 用"移动"命令使螺母M12的水平中心线与齿轮轴的水平中心线重合，且螺母M12的右端面与弹簧垫片12的左端面对齐［图8-92（b）］。

⑮ 压盖上波浪线左端的结构没有必要剖开，所以删除带轮的剖面线及其内部结构，再把带轮挡住的线条都删除［图8-93（a）］。

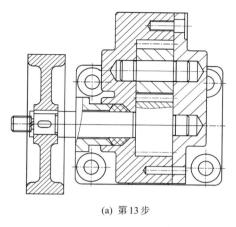

(a) 第13步

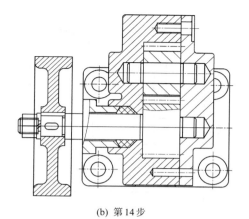

(b) 第14步

图8-92　装配齿轮泵俯视图的步骤（六）

⑯ 用"移动"命令使双头螺柱M8×20的水平中心线与泵盖上阶梯孔的水平中心线重合，且双头螺柱M8×20左端螺纹的螺纹终止线与泵体右端面对齐 ［图8-93（b）］。

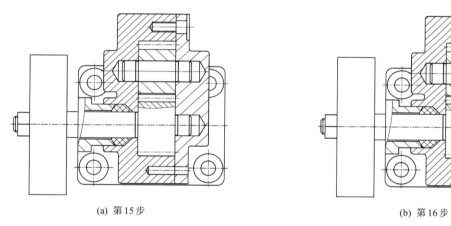

(a) 第15步

(b) 第16步

图8-93　装配齿轮泵俯视图的步骤（七）

⑰ 用"移动"命令使垫片8的水平中心线与泵盖上阶梯孔的水平中心线重合，且垫片8的左端面与泵盖上阶梯孔的小孔右端面对齐 ［图8-94（a）］。

⑱ 用"移动"命令使螺母M8的水平中心线与泵盖上阶梯孔的水平中心线重合，且螺母M8的左端面与垫片8的右端面对齐 ［图8-94（b）］。

⑲ 用"修剪"命令去掉多余的线 ［图8-95（a）］。

⑳ 用"移动"命令使销6×20的水平中心线与泵盖上通孔的水平中心线重合，且销6×20的右端面与泵盖的右端面对齐。最后用"修剪"命令去掉销中多余的线 ［图8-95（b）］

㉑ 用"移动"命令使垫片8的水平中心线与压盖的水平中心线重合，且垫片8的右端面与压盖的左端面对齐。再用"移动"命令使螺母M8的水平中心线与压盖的水平中心线重合，且螺母M8的右端面与垫片8的左端面对齐。最后补画出可见的一小部分螺杆 ［图8-96（a）］。

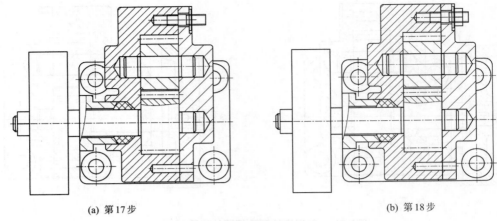

(a) 第17步　　　　　　　　　　　　　　　　　(b) 第18步

图8-94　　装配齿轮泵俯视图的步骤（八）

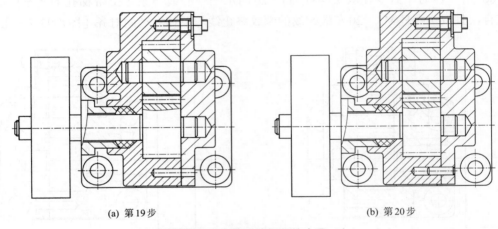

(a) 第19步　　　　　　　　　　　　　　　　　(b) 第20步

图8-95　　装配齿轮泵俯视图的步骤（九）

㉒ 泵体上安装双头螺柱的部位的剖面线不对，需要重新打剖面线［图8-96（b）］。

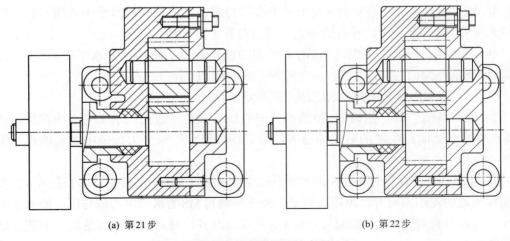

(a) 第21步　　　　　　　　　　　　　　　　　(b) 第22步

图8-96　　装配齿轮泵俯视图的步骤（十）

㉓ 给俯视图标注尺寸（图8-97）。

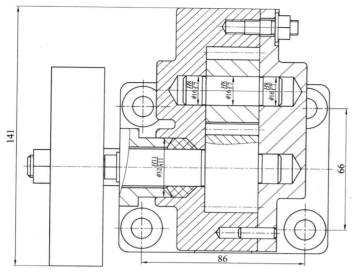

图8-97 装配齿轮泵俯视图的第22步

8.4.3 齿轮泵装配左视图

由于左视图主要表达安装压盖的双头螺柱、垫片和螺母，以及键的安装情况，所以需要采用拆卸画法，把轴向固定带轮的弹簧垫片12和螺母M12，以及带轮都拆去，再绘制装配图。

① 复制泵体的左视图，在安装压盖的结构中，把上下两个螺纹孔改为外螺纹。用"多边形"命令绘制一个正六边形，其垂直两个顶点的距离是18.2mm，再用"圆"命令绘制一个半径为8.1mm的圆，作为垫片［图8-98（a）］。

② 用"镜像"命令将外螺纹、正六边形和表示垫片的圆镜像到下面的中心线上，然后删除多余的线［图8-98（b）］。

③ 在安装压盖的结构中，删除较大的圆，用"圆"命令绘制M12的外螺纹、半径为8mm的圆，以及半径为11mm的圆，再绘制能看到的一部分键。注意键的高度为5mm［图8-98（c）］。

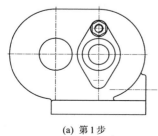
(a) 第1步

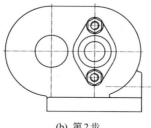
(b) 第2步

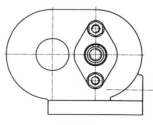
(c) 第3步

图8-98 装配齿轮泵左视图的步骤

8.4.4　齿轮泵装配右视图

由于右视图主要表达齿轮泵的工作原理，所以与左视图一样，也需要采用拆卸画法，把挡住齿轮的泵盖、双头螺柱M8×20、垫片8和螺母M8，以及泵体和泵盖之间的垫片都拆去，再绘制装配图。

① 复制泵体的右视图，删除中心的两个小圆 [图8-99（a）]。

② 在长圆形的两个圆心处，绘制半径为7.7mm的圆，并打上剖面线 [图8-99（b）]。

③ 在长圆形的两个圆心处，用中心线绘制半径为21mm的圆，表示齿轮的分度圆。这两个分度圆是相切的，表示两个齿轮啮合在一起。再延长半径为24mm的半圆，使它们相交于一点，表示齿轮的齿顶圆 [图8-99（c）]。

④ 给右视图标注尺寸 [图8-99（d）]。

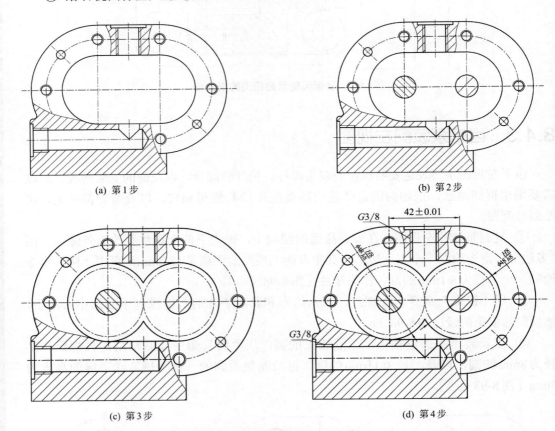

(a) 第1步　　　　　　　　　　　　　　　(b) 第2步

(c) 第3步　　　　　　　　　　　　　　　(d) 第4步

图8-99　装配齿轮泵右视图的步骤

8.4.5　整理

① 把主、俯、左、右视图按基本视图的配置方式移动到适当的位置，再用"矩形"命令绘制一个570mm×400mm的矩形（图8-100）。

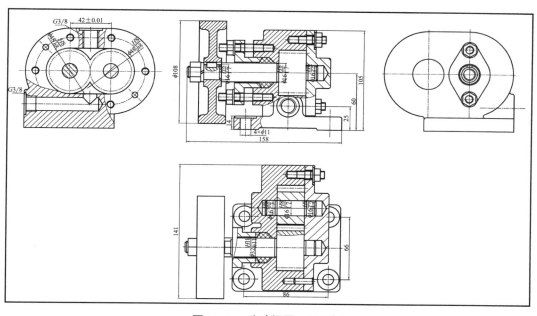

图8-100　移动视图，画图框

② 把泵盖的左视图复制过来，并旋转，放在俯视图的左边（图8-101）。

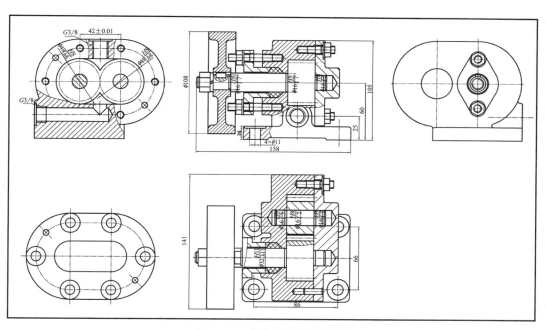

图8-101　添加泵盖的外形图

③ 在主视图中加B向标注，在左视图中加A—A标注，在右视图中加C—C标注，在主视图的上方加标题"A—A"，俯视图的上方加标题"C—C"，左视图的上方加标题"拆去序号2、3、5零件"，右视图的上方加标题"拆去序号9、10、11、12、13零件"，泵盖左视图的上方加标题"零件9 B"（图8-102）。

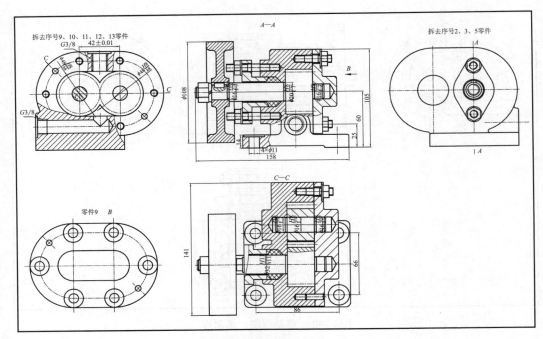

图8-102　添加视图的标注

④ 在主视图的上方画一条水平线，在俯视图的右方画一条垂直线，再从各个视图中拉出各个零件的指引线，所有指引线的末端都连接到刚才绘制的水平线或垂直线上，这样画出的序号就都在一条水平线或垂直线上，显得很整齐（图8-103）。

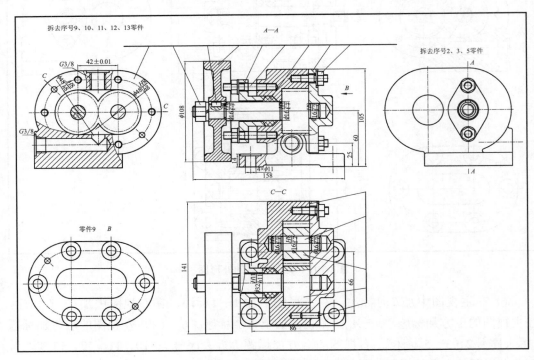

图8-103　添加序号指引线

⑤ 删除水平线和垂直线，在指引线的末端画出水平线，并写上序号（图8-104）。

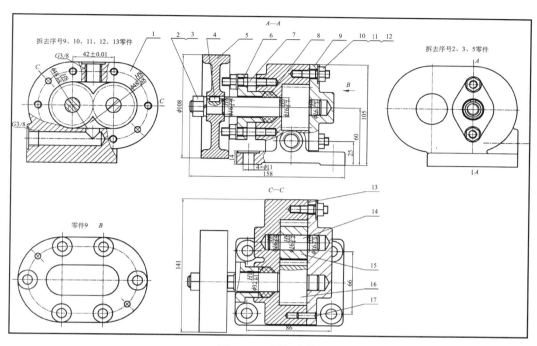

图8-104　添加序号

⑥ 在矩形的右下角添加标题栏，再添加技术要求（图8-105）。

技术要求
1.齿轮装配跑合后，齿面接触斑点沿齿宽方向
　应达到90%，沿齿高方向应达到55%；
2.工作压力不小于30MPa时，各密封处不得泄漏。

齿轮泵		比例1：2	
		件数	
描图		重量	共1张 第1张
制图			
审核		（厂名）	

图8-105　添加标题栏和技术要求

⑦ 打开Excel软件，输入图8-106所示表格。然后把文件保存为"齿轮泵明细表"。

17	销GB/T 119 A6×20	2	45	
16	齿轮轴	1	45	$m=1$, $z=14$
15	齿轮	1	45	$m=1$, $z=14$
14	轴	1	45	
13	垫片	1	纸	
12	螺柱GB/T 897 M8×20	6	Q235A	
11	垫圈GB/T 97.1 8	8	Q235A	
10	螺母GB/T 6170 M8	8	Q235A	
9	泵盖	1	HT150	
8	填料		麻	
7	螺柱GB/T 898 M8×35	2	Q235A	
6	压盖	1	HT150	
5	带轮	1	HT150	
4	键5×10 GB/T 1096	1	45	
3	垫圈GB/T 93 12	1	65Mn	
2	螺母GB/T 6170 M12	1	Q235A	
1	泵体	1	HT150	
序号	名称	数量	材料	备注
齿轮泵		比例	1：2	
		件数		13–00
描图		重量	共1张 第1张	
制图				
审核		（厂名）		

图8-106　齿轮泵明细表

⑧ 利用"插入表格"对话框，插入在 Excel 中输入的明细表（图 8-107）。

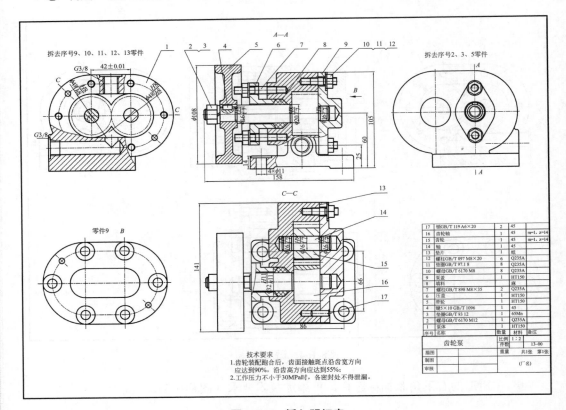

图8-107　插入明细表

至此，装配图就完成了。

─────────── 习　　题 ───────────

1. 零件图包含哪些内容？
2. 完整的装配图通常包括哪些内容？
3. 如何标注带公差的尺寸？
4. 如何创建带属性的块？
5. 绘制题图1"钻模"的各个零件图。
6. 绘制题图2所示"钻模"的装配图。

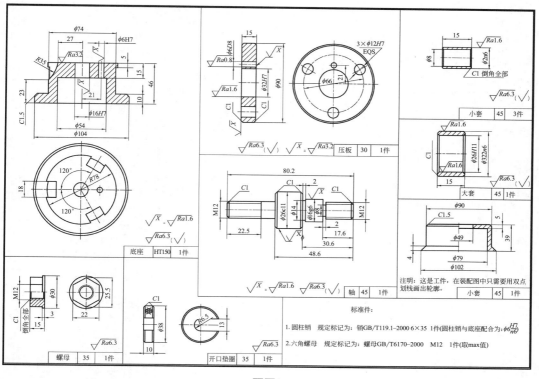

题图1

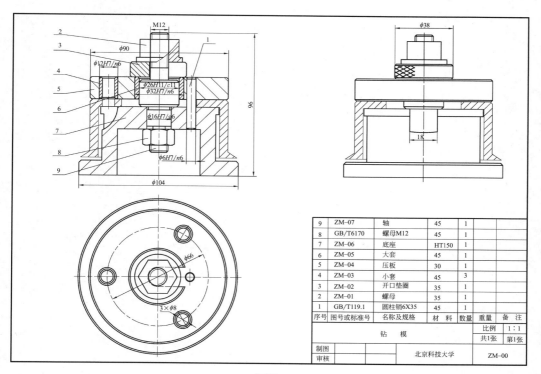

9	ZM-07	轴	45	1	
8	GB/T6170	螺母M12	45	1	
7	ZM-06	底座	HT150	1	
6	ZM-05	大套	45	1	
5	ZM-04	压板	30	1	
4	ZM-03	小套	45	3	
3	ZM-02	开口垫圈	35	1	
2	ZM-01	螺母	35	1	
1	GB/T119.1	圆柱销6X35	45	1	
序号	图号或标准号	名称及规格	材 料	数量	重量 备 注

钻 模	比例	1:1
	共1张	第1张
制图	北京科技大学	ZM-00
审核		

题图2

AutoCAD

AutoCAD全实例教程（视频精讲版）

Pa

rt five

09

第9章

工业产品三维绘图

学习目标：

1. 学习AutoCAD中多种三维实体建模技术。

2. 学习三维建模技术中不同功能集，掌握编辑功能的应用，绘制各种实体和工业产品模型。

AutoCAD 中提供了多种三维建模类型（图9-1），每种三维建模技术都具有不同的功能集。

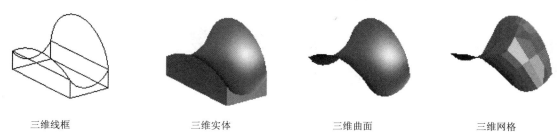

| 三维线框 | 三维实体 | 三维曲面 | 三维网格 |

图9-1　三维建模类型

①　线框建模对于初始设计迭代非常有用，并且作为参照几何图形可用作三维线框，以进行后续的建模或修改。

②　实体建模不但能高效使用、易于合并图元和拉伸的轮廓，还能提供质量特性和截面功能。

③　通过曲面建模，可精确地控制曲面，从而能精确地操纵和分析。

④　网格建模提供了自由形式雕刻、锐化和平滑处理功能。

三维模型包含以上这些技术的组合，可以在它们之间进行转换。例如，可以将图元三维实体棱锥体转换为三维网格，以执行网格平滑处理。然后，可以将网面转换为3D曲面或恢复为3D实体，以利用其各自的塑型特征。

本章重点介绍如何使用 AutoCAD 的三维实体建模和编辑功能绘制各种实体和工业产品模型。

在 AutoCAD 中，为了建立三维模型，应先在应用程序窗口右侧底部状态栏上单击"切换工作空间"按钮 ⚙ ▾，选择"三维建模"，如图9-2所示。此时功能区如图9-3所示，其中仅包含与三维相关的工具栏、菜单和选项板。三维建模不需要的界面项会被隐藏，使用户的工作屏幕区域最大化。

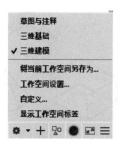

图9-2　切换工作空间

图9-3　"三维建模"功能区

9.1　三维模型的显示和视图切换

在图9-3所示的功能区中，"视图"选项卡包含的几个选项可用于控制三维模型的视觉样式、三维导航和视口。单击"常用"选项卡→"视图"→"视觉样式"，就可以打开"视觉样式"下拉框，如图9-4所示。

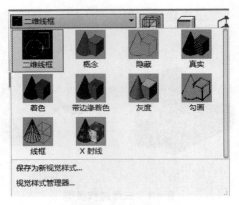

图9-4 视觉样式

视觉样式控制边、光源和着色的显示。更改视觉样式的特性可以控制其效果。应用视觉样式或更改其设置时，关联的视口会自动更新以反映这些更改。

AutoCAD提供以下预定义的视觉样式：

① 二维线框。通过使用直线和曲线表示边界的方式显示对象［图9-5（a）］。

② 概念。使用平滑着色和古氏面样式显示对象。效果缺乏真实感，但可以更方便地查看模型的细节［图9-5（b）］。

③ 隐藏。使用线框表示法显示对象，而隐藏表示背面的线［图9-5（c）］。

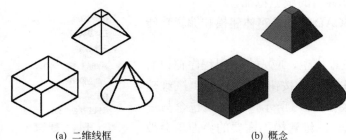
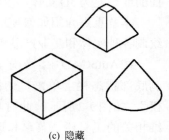

(a) 二维线框　　　　　　　　　(b) 概念　　　　　　　　　(c) 隐藏

图9-5 不同的视觉样式

④ 真实。使用平滑着色和材质显示对象。

⑤ 着色。使用平滑着色显示对象。

⑥ 带边缘着色。使用平滑着色和可见边显示对象。

⑦ 灰度。使用平滑着色和单色灰度显示对象。

⑧ 勾画。使用线延伸和抖动边修改器显示手绘效果的对象。

⑨ 线框。通过使用直线和曲线表示边界的方式显示对象。

⑩ X射线。以局部透明度显示对象。

三维导航工具如图9-6所示，允许用户从不同的角度、高度和距离查看图形中的对象，效果如图9-7所示。

另外，使用以下三维工具在三维视图中进行动态观察、调整距离、回旋、缩放和平移。

图9-6 三维导航工具

① 三维动态观察。围绕目标移动。相机位置（或视点）移动时，视图的目标将保持静止，目标点将暂时显示为一个小的黑色球体。

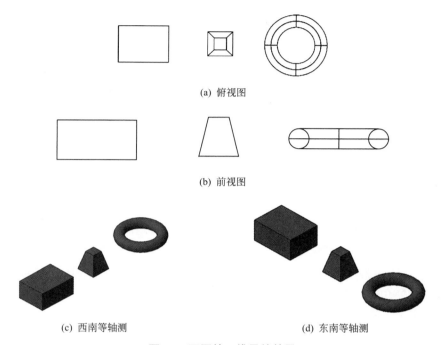

(a) 俯视图

(b) 前视图

(c) 西南等轴测　　　　　　　　　　　(d) 东南等轴测

图9-7　不同的三维导航效果

② 受约束的动态观察。沿 XY 平面或 Z 轴约束三维动态观察。

③ 自由动态观察。不参照平面，在任意方向上进行动态观察。沿 XY 平面和 Z 轴进行动态观察时，视点不受约束。

④ 连续动态观察。连续地进行动态观察。在要使连续动态观察移动的方向上单击并拖动鼠标，然后松开鼠标按钮，轨道沿该方向继续移动。

⑤ 调整距离。垂直移动光标时，将更改对象的距离。可以使对象显示得较大或较小，并可以调整距离。

⑥ 回旋。在拖动方向上模拟平移相机，查看的目标将更改。可以沿 XY 平面或 Z 轴回旋视图。

⑦ 缩放。模拟移动相机靠近或远离对象。"放大"可以放大图像。

⑧ 平移。启用交互式三维视图并允许用户水平和垂直拖动视图。

9.2　创建实体图元

可以使用诸如 cylinder、pyramid 和 box 等命令来创建多种基本三维形状（称为实体图元），如图9-8所示。

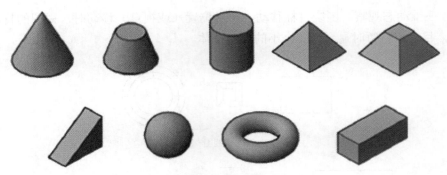

图9-8　实体图元

9.2.1　创建长方体

box命令可以创建三维实体长方体（图9-9）。启动该命令的方法是，单击"常用"选项卡→"建模"面板→"长方体" 🔲。

> 命令: _box（单击"常用"选项卡→"建模"面板→"长方体" 🔲）
> 指定第一个角点或 [中心(C)]:（用鼠标指定第一个角点）
> 指定其他角点或 [立方体(C)/长度(L)]: @30,20
> 指定高度或 [两点(2P)] <114.5311>: 50✓

选项说明：

① 中心(C)：指定长方体的中心。

② 立方体(C)：创建立方体。

③ 长度(L)：通过输入长、宽、高来创建长方体。

④ 两点(2P)：通过指定两个点来确定高度。

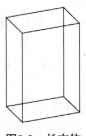

图9-9　长方体

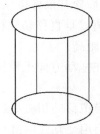

图9-10　圆柱体

9.2.2　创建圆柱体

cylinder命令可以创建三维实体圆柱体（图9-10）。启动该命令的方法是，单击"常用"选项卡→"建模"面板→"圆柱体" 🔲。

> 命令: _cylinder（单击"常用"选项卡→"建模"面板→"圆柱体" 🔲）

指定底面的中心点或 [三点(3P)/两点(2P)/切点、切点、半径(T)/椭圆(E)]：（用鼠标指定圆柱底面的圆心）

指定底面半径或 [直径(D)]: 20

指定高度或 [两点(2P)/轴端点(A)] <18.6>: 50↙

选项说明：

① 三点(3P) / 两点(2P)/切点、切点、半径(T)：绘制圆形。

② 椭圆(E)：创建椭圆圆柱体。

③ 直径(D)：输入圆柱底面的直径。

④ 两点(2P)：通过指定两个点来确定高度。

⑤ 轴端点(A)：通过指定圆柱顶面的圆心来指定高度。

9.2.3 创建圆锥体

cone命令可以创建三维实体圆锥体（图9-11）。启动该命令的方法是，单击"常用"选项卡→"建模"面板→"圆锥体" ⬜。

命令: _cone（单击"常用"选项卡→"建模"面板→"圆锥体" ⬜）

指定底面的中心点或 [三点(3P)/两点(2P)/切点、切点、半径(T)/椭圆(E)]：（用鼠标指定圆柱底面的圆心）

指定底面半径或 [直径(D)] <20.0000>: 20

指定高度或 [两点(2P)/轴端点(A) /顶面半径(T)] <30.0000>: 40↙

选项说明：

① 三点(3P) / 两点(2P)/切点、切点、半径(T)：绘制圆形。

② 椭圆(E)：创建椭圆圆柱体。

③ 直径(D)：输入圆锥底面的直径。

④ 两点(2P)：通过指定两个点来确定高度。

⑤ 轴端点(A)：通过指定圆柱顶面的圆心来指定高度。

⑥ 顶面半径(T)：输入圆锥台顶面的直径来绘制圆锥台。

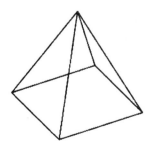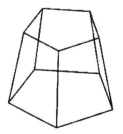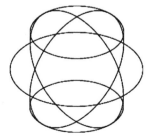

图9-11　圆锥和锥台　　　　　　　　　　图9-12　球体

9.2.4　创建球体

sphere命令可以创建三维实体球体（图9-12）。启动该命令的方法是，单击"常用"选项卡→"建模"面板→"球体" ⬤ 。

命令: _sphere（单击"常用"选项卡→"建模"面板→"球体" ⬤ ）

指定中心点或 [三点(3P)/两点(2P)/切点、切点、半径(T)]:（用鼠标指定球心）

指定半径或 [直径(D)] <20.0000>:30↙

选项说明：

① 三点(3P) /两点(2P)/切点、切点、半径(T)：绘制圆形。

② 直径(D)：输入球体的直径。

9.2.5　创建棱锥体

pyramid命令可以创建三维实体棱锥体（图9-13）。启动该命令的方法是，单击"常用"选项卡→"建模"面板→"棱锥体" ⬙ 。

命令: _pyramid（单击"常用"选项卡→"建模"面板→"棱锥体" ⬙ ）

 4 个侧面 外切

指定底面的中心点或 [边(E) /侧面(S)]:（用鼠标指定底面的中心）

指定底面半径或 [内接(I)] <20.0000>:20

指定高度或 [两点(2P)/轴端点(A) /顶面半径(T)] <24.3672>:30↙

选项说明：

① 边(E)：通过指定棱锥体底面的边来绘制棱锥体的底面。

② 侧面(S)：指定棱锥的棱数，例如利用这个选项可以绘制五棱锥。

③ 两点(2P)：通过指定两个点来确定高度。

④ 轴端点(A)：通过指定棱锥顶面的中心来指定高度。

⑤ 顶面半径(T)：输入棱锥台顶面的外切圆直径来绘制圆锥台。

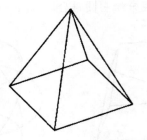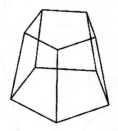

图9-13　棱锥和棱锥台

下面是绘制棱锥台的步骤：

命令: _pyramid

 4 个侧面 外切

指定底面的中心点或 [边(E) /侧面(S)]: s

输入侧面数 <4>: 5

指定底面的中心点或 [边(E) /侧面(S)]: e

指定边的第一个端点: (用鼠标指定一个点)

指定边的第二个端点: 20

指定高度或 [两点(2P)/轴端点(A) /顶面半径(T)] <34.7089>: t

指定顶面半径 <10.0000>: 10

指定高度或 [两点(2P)/轴端点(A)] <34.7089>:35

9.2.6 创建楔体

wedge命令可以创建三维实体楔体(图9-14)。启动该命令的方法是,单击"常用"选项卡→"建模"面板→"楔体" 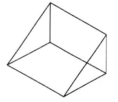。

命令: _wedge(单击"常用"选项卡→"建模"面板→"楔体" 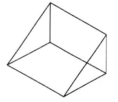)

指定第一个角点或 [中心(C)]: (用鼠标指定楔体的第一个角点)

指定其他角点或 [立方体(C) /长度(L)]: @30,40

指定高度或 [两点(2P)] <29.0903>: 25↙

图9-14 楔体

选项说明:

① 中心(C): 指定楔体的中心。

② 立方体(C): 创建长、宽、高相等的楔体。

③ 长度(L): 通过输入长、宽、高来创建楔体。

④ 两点(2P): 通过指定两个点来确定高度。

9.2.7 创建圆环

torus命令可以创建三维实体圆环(图9-15)。启动该命令的方法是,单击"常用"选项卡→"建模"面板→"圆环" ◎。

命令: _torus(单击"常用"选项卡→"建模"面板→"圆环" ◎)

指定中心点或 [三点(3P)/两点(2P)/切点、切点、半径(T)]: (用鼠标指定圆环的中心)

指定半径或 [直径(D)] <17.0130>: 20

指定圆管半径或 [两点(2P)/直径(D)]: 5

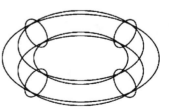

图9-15 圆环

选项说明:

① 三点(3P) /两点(2P)/切点、切点、半径(T): 绘制圆形。

② 直径(D)：输入直径。

③ 两点(2P)：通过指定两个点来确定圆管直径。

9.2.8　多段体

polysolid命令可以创建具有固定高度和宽度的直线段和曲线段的三维墙，即多段体（图9-16）。方法与创建多段线一样。启动该命令的方法是，单击"常用"选项卡→"建模"面板→"多段体" 。

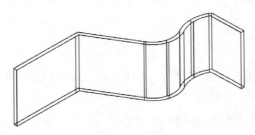

图9-16　多段体

命令: _polysolid（单击"常用"选项卡→"建模"面板→"多段体" ）

高度 = 80.0000, 宽度 = 8.0000, 对正 = 居中

指定起点或 [对象(O)/高度(H)/宽度(W)/对正(J)] <对象>:

指定下一个点或 [圆弧(A) /放弃(U)]：（用鼠标指定一个点）

指定下一个点或 [圆弧(A) /闭合(C) /放弃(U)]: a

指定圆弧的端点或 [闭合(C) /方向(D) /直线(L)/第二个点(S)/放弃(U)]:l

指定下一个点或 [圆弧(A) /闭合(C) /放弃(U)]：（按Enter键结束命令）

选项说明：

① 对象(O)：指定要转换为三维实体的二维对象选择。

② 高度(H)：指定多段体线段的高度。

③ 宽度(W)：指定多段体线段的宽度。

④ 对正(J)：指定多段体的宽度放置的位置（在多段体轮廓的中心、左侧或右侧），或定义二维对象。

⑤ 圆弧(A)：将圆弧段添加到多段体轮廓中。圆弧的默认起始方向与上一线段相切。可以使用"方向"选项指定不同的起始方向。

⑥ 闭合(C)：通过从多段体轮廓的最后一个顶点到起始点创建线段或圆弧段来闭合多段体。必须至少指定三个点才能使用该选项。

⑦ 方向(D)：通过设置起始切向和端点指定圆弧段。

⑧ 直线(L)：退出"圆弧"提示并返回直线段。

⑨ 第二个点(S)：指定三点圆弧段的第二个点和端点。

⑩ 放弃(U)：删除最近一次添加到多段体轮廓的圆弧段或线段。

9.2.9　按住并拖动

presspull命令可以在选择二维对象以及由闭合边界或三维实体面形成的区域后，通过拉伸和偏移动态修改对象（图9-17）。移动光标时可获取视觉反馈。启动该命令的方法是，单击"常用"选项卡→"建模"面板→"按住并拖动" 📖。

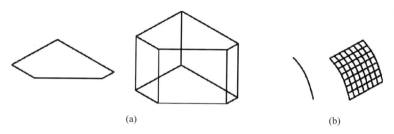

(a)　　　　　　　　　　　　　　　　　(b)

图9-17　按住并拖动闭合边界或曲线

> 命令:_presspull（单击"常用"选项卡→"建模"面板→"按住并拖动" 📖 ）
> 选择对象或边界区域:（用鼠标选择要拉伸或偏移的对象）
> 单击面、曲线或边界区域的内部
> 选择对象或边界区域:（按Enter键结束命令）
> 指定拉伸高度或 [多个(M)]:50
> 已创建 1 个拉伸

该命令会自动重复，直到按 Esc 键、Enter 键或空格键。

选项说明：

① 对象或边界区域：选择要修改的对象、边界区域或三维实体面。选择面可拉伸面，而不影响相邻面。如果按住Ctrl键并单击面，该面将发生偏移，而且更改也会影响相邻面（图9-18）。

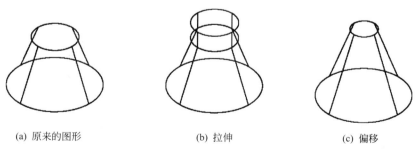

(a) 原来的图形　　　　　　　(b) 拉伸　　　　　　　(c) 偏移

图9-18　拉伸和偏移

② 多个(M)：指定要进行多个选择。也可以按住Shift键并单击以选择多个。

③ 拉伸高度：如果选定了二维对象或单击了闭合区域内部，可通过移动光标或输入距离指定拉伸高度。平面对象的拉伸方向垂直于平面对象，并处于非平面对象的当前UCS的 Z 方向。

9.3 布尔运算

布尔运算是通过合并、减去或找出两个或两个以上三维实体、曲面或面域的相交部分，来创建复合三维对象（图9-19）。

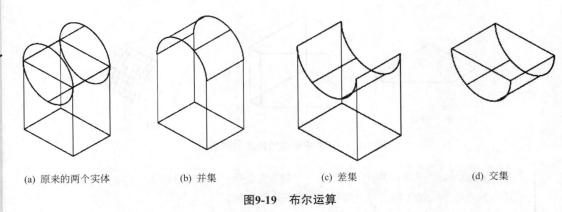

(a) 原来的两个实体   (b) 并集   (c) 差集   (d) 交集

图9-19 布尔运算

9.3.1 并集

使用union命令，可以合并两个或两个以上对象的总体积或总面积。启动该命令的方法是，单击"常用"选项卡→"实体编辑"面板→"并集" ⑩。

命令: _union（单击"常用"选项卡→"实体编辑"面板→"并集" ⑩）

选择对象:（用鼠标选择长方体）

选择对象:（用鼠标选择圆柱）

选择对象:↙

9.3.2 差集

使用subtract命令，可以从一组对象中删除与另一组对象的公共部分或区域。启动该命令的方法是，单击"常用"选项卡→"实体编辑"面板→"差集" ⑩。

命令: _subtract（单击"常用"选项卡→"实体编辑"面板→"差集" ⑩）

选择对象:（用鼠标选择长方体）

选择对象:↙

选择要减去的实体、曲面和面域...

选择对象:（用鼠标选择圆柱）

选择对象:↙

9.3.3 交集

使用 intersect 命令，可以从两个或两个以上重叠对象的公共部分或区域创建复合对象。intersect 命令用于删除非重叠部分，以及从剩余部分中创建复合对象。启动该命令的方法是，单击"常用"选项卡→"实体编辑"面板→"交集"⊙。

> 命令: _intersect（单击"常用"选项卡→"实体编辑"面板→"交集"⊙）
> 选择对象:（用鼠标选择长方体）
> 选择对象:（用鼠标选择圆柱）
> 选择对象: ↙

9.4 利用二维图形建立三维实体

可通过对二维几何图形进行拉伸、扫掠、放样和旋转来构造曲面和三维实体（图9-20）。

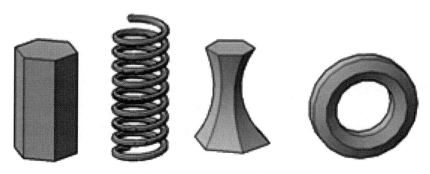

图9-20 利用二维图形建立三维实体

可以使用以下方法：
① 扫掠：沿某个路径延伸二维对象。
② 拉伸：沿垂直方向将二维对象的形状延伸到三维空间。
③ 旋转：绕轴扫掠二维对象。
④ 放样：在一个或多个开放或闭合对象之间延伸形状的轮廓。
开放曲线总是创建曲面，而闭合曲线将根据具体设置创建实体或曲面。

9.4.1 拉伸

extrude 命令可创建延伸曲线形状的实体或曲面。启动该命令的方法是，单击"常用"选项卡→"建模"面板→"拉伸"▣。拉伸的不同效果如图9-21所示。

命令: _extrude（单击"常用"选项卡→"建模"面板→"拉伸" 🔳 ）

当前线框密度: ISOLINES=4，闭合轮廓创建模式 = 实体

选择要拉伸的对象或 [模式(MO)]: _MO

闭合轮廓创建模式 [实体(SO)/曲面(SU)] <实体>: _SO

选择要拉伸的对象或 [模式(MO)]: （选择画好的二维图形）

选择要拉伸的对象或 [模式(MO)]: （按Enter键结束选择）

指定拉伸的高度或 [方向(D) /路径(P)/倾斜角(T)/表达式(E)] <40.0000>: T

指定拉伸的倾斜角度或 [表达式(E)] <0>: 10

指定拉伸的高度或 [方向(D) /路径(P)/倾斜角(T)/表达式(E)] <40.0000>: 15

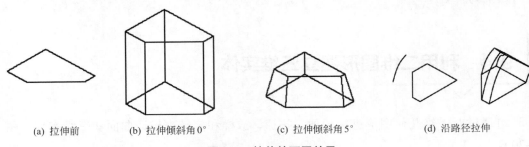

(a) 拉伸前　　　　(b) 拉伸倾斜角0°　　　　(c) 拉伸倾斜角5°　　　　(d) 沿路径拉伸

图9-21　拉伸的不同效果

选项说明：

① 曲面(SU)：绘制三维曲面。

② 方向(D)：指定两个点以设定拉伸的长度和方向。

③ 路径(P)：通过指定要作为拉伸的轮廓路径或形状路径的对象来创建实体或曲面。拉伸对象始于轮廓所在的平面，止于路径端点处与路径垂直的平面。

④ 倾斜角(T)：指定倾斜角，可以使建面截面沿着拉伸方向按此角度变化，生成棱台。

⑤ 表达式(E)：输入数学表达式可以约束拉伸的高度。

注意

拉伸截面和拉伸路径不能放在同一个平面上，也不能相交，否则AutoCAD不会生成结果。

9.4.2　旋转

revolve命令可以通过绕轴旋转曲线来创建三维对象（图9-22）。启动该命令的方法是，单击"常用"选项卡→"建模"面板→"旋转" 🔳 。

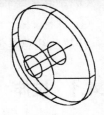

(a) 旋转前　　　　(b) 旋转360°

图9-22　旋转

命令: _revolve（单击"常用"选项卡→"建模"面板→"旋转"）

当前线框密度: ISOLINES=4，闭合轮廓创建模式 = 实体

选择要旋转的对象或 [模式(MO)]: _MO

闭合轮廓创建模式 [实体(SO)/曲面(SU)] <实体>: _SO

选择要旋转的对象或 [模式(MO)]:（选择画好的二维图形）

选择要旋转的对象或 [模式(MO)]:（按Enter键结束选择）

指定轴起点或根据以下选项之一定义轴 [对象(O)/X/Y/Z] <对象>:

指定轴端点:

指定旋转角度或 [起点角度(ST)/反转(R)/表达式(EX)] <360>:

选项说明：

① 曲面(SU)：绘制三维曲面。

② 对象(O)：选择已画好的直线作为旋转轴线。

③ X/Y/Z：将二维对象绕当前坐标系（UCS）的 X/Y/Z 轴旋转。

④ 起点角度(ST)：为旋转指定距旋转的对象所在平面的偏移。

⑤ 反转(R)：更改旋转方向。

⑥ 表达式(EX)：输入公式或方程式来指定旋转角度。此选项仅在创建关联曲面时才可用。

9.4.3 扫掠

sweep命令可以通过沿开放或闭合路径扫掠二维对象或子对象来创建三维实体或三维曲面（图9-23）。启动该命令的方法是，单击"常用"选项卡→"建模"面板→"扫掠" 。

(a) 对象和路径　　(b) 默认的扫掠结果　　(c) 指定比例1.8的扫掠结果　　(d) 指定扭曲90°的扫掠结果

图9-23　扫掠

命令: _sweep（单击"常用"选项卡→"建模"面板→"扫掠" ）

当前线框密度: ISOLINES=4，闭合轮廓创建模式=实体

选择要扫掠的对象或 [模式(MO)]: _MO

闭合轮廓创建模式 [实体(SO)/曲面(SU)] <实体>: _SO

选择要扫掠的对象或 [模式(MO)]:（选择画好的二维图形）

选择要扫掠的对象或 [模式(MO)]:（按Enter键结束选择）

选择扫掠路径或 [对齐(A)/基点(B)/比例(S)/扭曲(T)]:（选择画好的路径）

选项说明：

① 曲面(SU)：绘制三维曲面。

② 对齐(A)：如果轮廓与扫掠路径不在同一平面上，请指定轮廓与扫掠路径对齐的方式。

③ 基点(B)：在轮廓上指定基点，以便沿轮廓进行扫掠。

④ 比例(S)：指定从开始扫掠到结束扫掠将更改对象大小的值。输入数学表达式可以约束对象缩放。

⑤ 扭曲(T)：通过输入扭曲角度，对象可以沿轮廓长度进行旋转。输入数学表达式可以约束对象的扭曲角度。

9.4.4 放样

loft命令可以通过在包含两个或更多横截面轮廓的一组轮廓中对轮廓进行放样来创建三维实体或曲面（图9-24）。启动该命令的方法是，单击"常用"选项卡→"建模"面板→"放样" 。

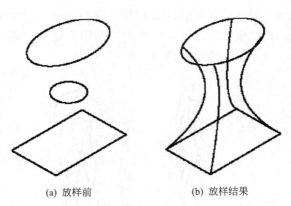

(a) 放样前　　　　　　　　(b) 放样结果

图9-24　放样

命令: _loft（单击"常用"选项卡→"建模"面板→"放样" ）

当前线框密度: ISOLINES=4，闭合轮廓创建模式 = 实体

按放样次序选择横截面或 [点(PO)/合并多条边(J)/模式(MO)]: _MO

闭合轮廓创建模式 [实体(SO)/曲面(SU)] <实体>: _SO

按放样次序选择横截面或 [点(PO)/合并多条边(J)/模式(MO)]:（选择底部的矩形）

按放样次序选择横截面或 [点(PO)/合并多条边(J)/模式(MO)]:（选择中间的圆形）

按放样次序选择横截面或 [点(PO)/合并多条边(J)/模式(MO)]：（选择顶间的椭圆）

按放样次序选择横截面或 [点(PO)/合并多条边(J)/模式(MO)]：（按Enter键结束选择）

选中了 3 个横截面

输入选项 [导向(G)/路径(P)/仅横截面(C) /设置(S)] <仅横截面>:

选项说明：

① 曲面(SU)：绘制三维曲面。

② 仅横截面(C)：选择一系列横截面轮廓以定义新三维对象的形状。

③ 导向(G)：指定导向曲线，以与相应横截面上的点相匹配。每条导向曲线必须满足以下条件，即与每个横截面相交，始于第一个横截面，止于最后一个横截面。

④ 路径(P)：为放样操作指定路径，以更好地控制放样对象的形状。为获得最佳结果，路径曲线应始于第一个横截面所在的平面，止于最后一个横截面所在的平面（图9-25）。

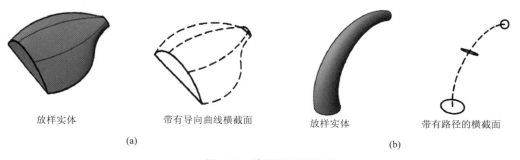

放样实体　　　　带有导向曲线横截面　　　　放样实体　　　　带有路径的横截面

(a)　　　　　　　　　　　　　　　　　　(b)

图9-25　放样的不同效果

⑤ 设置(S)：选择该选项，会打开"放样设置"对话框（图9-26），其中4个选项的效果如图9-27所示。

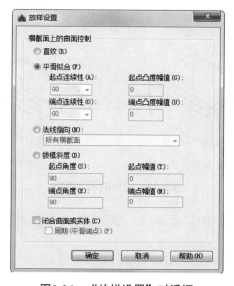

图9-26　"放样设置"对话框

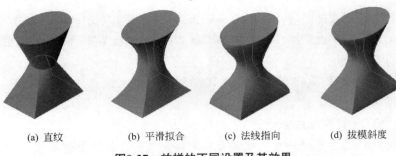

(a) 直纹　　　　(b) 平滑拟合　　　　(c) 法线指向　　　　(d) 拔模斜度

图9-27　放样的不同设置及其效果

9.5　三维编辑命令

AutoCAD 的三维功能中，有一些常用的三维编辑命令，与二维编辑命令类似，对三维模型进行相应的编辑。

9.5.1　圆角

filletedge命令可以为实体对象边建立圆角。启动该命令的方法是，单击"实体"选项卡→"实体编辑"面板→"圆角边" 。圆角的不同选项如图9-28所示。

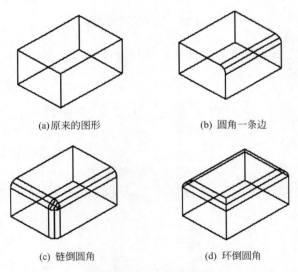

(a)原来的图形　　　　　　　　　(b) 圆角一条边

(c) 链倒圆角　　　　　　　　　(d) 环倒圆角

图9-28　圆角的不同选项

命令: _filletedge（单击"实体"选项卡→"实体编辑"面板→"圆角边" ）

半径 = 8.0000

选择边或 [链(C) /环(L)/半径(R)]:（选择实体上的一条边）

选择边或 [链(C) /环(L)/半径(R)]:（按Enter键结束选择）

按 Enter 键接受圆角或 [半径(R)]:（按Enter键结束选择）

选项说明：

① 链（C）：指定多条边的边相切。

② 环（L）：在实体的面上指定边的环。对于任何边，有两种可能的循环。选择循环边后，系统将提示您接受当前选择，或选择下一个循环。

③ 半径（R）：指定半径值。

9.5.2 倒角

chamferedge命令可以为三维实体边和曲面边建立倒角。其启动方式是：单击"实体"选项卡→"实体编辑"面板→"倒角边" 。倒角的不同选项如图9-29所示。

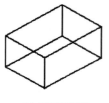
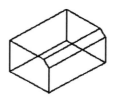
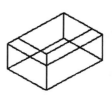

(a) 原来的图形　　　　(b) 倒角一条边　　　　(c) 环倒角

图9-29　倒角的不同选项

命令: _chamferedge（单击"实体"选项卡→"实体编辑"面板→"倒角边" ）

距离 1 = 1.0000，距离 2 = 1.0000

选择一条边或 [环(L)/距离(D)]:（选择实体上的一条边）

选择同一个面上的其他边或 [环(L)/距离(D)]:（按Enter键结束选择）

按 Enter 键接受倒角或 [距离(D)]:D

指定基面倒角距离或 [表达式(E)] <1.0000>: 5

指定其他曲面倒角距离或 [表达式(E)] <1.0000>: 5

按 Enter 键接受倒角或 [距离(D)]:（按Enter键结束命令）

选项说明：

① 距离（D）　1：设定第一条倒角边与选定边的距离。默认值为 1。

② 距离（D）　2：设定第二条倒角边与选定边的距离。默认值为 1。

③ 环（L）：对一个面上的所有边建立倒角。对于任何边，有两种可能的循环。选择循环边后，系统将提示您接受当前选择，或选择下一个循环。

④ 表达式（E）：使用数学表达式控制倒角距离。

9.5.3 剖切

slice命令可以通过剖切或分割现有对象，修改三维实体和曲面（图9-30）。其启动方式是：单击"常用"选项卡→"实体编辑"面板→"剖切" 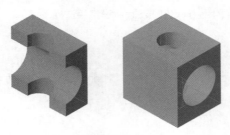。

图9-30　剖切

命令：_slice（单击"常用"选项卡→"实体编辑"面板→"剖切"。 ）

选择要剖切的对象: 找到 1 个

选择要剖切的对象:（选择要剖切的三维实体或曲面对象。按Enter键）

指定切面的起点或 [平面对象(O)/曲面(S)/z 轴(Z)/视图(V)/xy(XY)/yz(YZ)/zx(ZX)/三点(3)] <三点>:

指定平面上的第二个点:（指定两个点定义剪切平面）

在所需的侧面上指定点或 [保留两个侧面(B)] <保留两个侧面>:[指定要保留的剖切对象的侧面，或输入b（两者）保留两个侧面]

选项说明：

① 平面对象(O)：指定用于定义剪切平面的平面对象。平面对象可以是圆、椭圆、圆弧、椭圆弧、二维样条曲线、二维多段线或平面三维多段线。

② 曲面(S)：指定剪切曲面。

③ z 轴(Z)：通过平面上指定一点和在平面的 Z 轴（法向）上指定另一点来定义剪切平面。

④ 视图(V)：指定一点定义剪切平面的位置。

⑤ xy(XY)/yz(YZ)/zx(ZX)：将剪切平面与当前 UCS 的 *XY/YZ/ZX* 平面对齐。

⑥ 三点(3)：用三点定义剪切平面。

9.5.4　加厚

创建复杂的三维曲线式实体的一种有用方法是：首先创建一个曲面，然后通过加厚将其转换为三维实体（图9-31）。thicken命令可以以指定的厚度将曲面转换为三维实体。其启动方式是单击"常用"选项卡→"实体编辑"面板→"加厚" 。

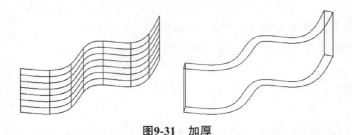

图9-31　加厚

命令: _thicken（单击"常用"选项卡→"实体编辑"面板→"加厚"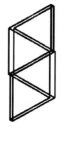）

选择要加厚的曲面:（选择要加厚的曲面）

选择要加厚的曲面:（按Enter键结束选择）

指定厚度 <0.0000>:10

9.5.5 抽壳

shell命令可以将三维实体转换为中空薄壁或壳体（图9-32）。将实体对象转换为壳体时，可以通过将现有面朝其原始位置的内部或外部偏移来创建新面。其启动方式是：单击"常用"选项卡→"实体编辑"面板→"实体编辑"下拉菜单→"抽壳"。

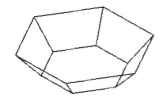
(a) 抽壳前

(b) 抽壳偏移 5mm

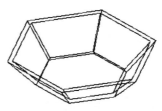
(c) 抽壳偏移 −5mm

图9-32　抽壳

命令: _shell（单击"常用"选项卡→"实体编辑"面板→"实体编辑"下拉菜单→"抽壳"）

实体编辑自动检查: SOLIDCHECK=1

输入实体编辑选项 [面(F) /边(E) /体(B) /放弃(U)/退出(X)] <退出>: _body

输入体编辑选项

[压印(I)/分割实体(P)/抽壳(S)/清除(L)/检查(C) /放弃(U)/退出(X)] <退出>: _shell

选择三维实体:（选择三维实体对象）

删除面或 [放弃(U)/添加(A) /全部(ALL)]:（选择不进行抽壳的一个或多个面）

删除面或 [放弃(U)/添加(A) /全部(ALL)]:（按 Enter 键结束选择）

输入抽壳偏移距离: 5（正偏移值沿面的正方向创建壳壁。负偏移值沿面的负方向创建壳壁）

9.5.6 三维镜像

使用mirror3d命令，可以通过指定镜像平面来创建对称的对象（图9-33）。其启动方式是：单击"常用"选项卡→"修改"面板→"三维镜像"。

命令: _mirror3d

选择对象:（用鼠标选择已画好的三维实体）

选择对象:↙

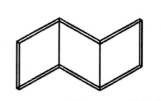

图9-33　三维镜像

指定镜像平面 (三点) 的第一个点或[对象(O)/最近的(L)/Z 轴(Z)/视图(V)/XY 平面(XY)/YZ 平面(YZ)/ZX 平面(ZX)/三点(3)] <三点>:在镜像平面上指定第二点: 在镜像平面上指定第三点:（用鼠标依次选择镜像平面上的三个点）

是否删除源对象? [是(Y)/否(N)] <否>:↙

选项说明：

① 对象(O)：使用选定平面对象的平面作为镜像平面。

② 最近的(L)：相对于最后定义的镜像平面对选定的对象进行镜像处理。

③ Z 轴(Z)：根据平面上的一个点和平面法线上的一个点定义镜像平面。

④ 视图(V)：将镜像平面与当前视口中通过指定点的视图平面对齐。

⑤ XY 平面(XY)/YZ 平面(YZ)/ZX 平面(ZX)：将镜像平面与一个通过指定点的标准平面（XY、YZ或ZX）对齐。

⑥ 三点(3)：通过三个点定义镜像平面。

⑦ 删除源对象：如果输入 y，镜像的对象将置于图形中并删除原始对象。如果输入 n 或按 Enter 键，镜像的对象将置于图形中并保留原始对象。

9.5.7 其余三维编辑命令

除了前面介绍的命令之外，还有三维缩放、三维对齐、三维移动、三维旋转等命令，它们与对应的二维命令类似，这里不再介绍。

9.6 示例

本节用几个示例来说明三维实体建模和三维编辑命令的使用。

9.6.1 示例：立柱底部

立柱底部（图9-34）用"按住并拖动"命令完成是很简单的。

① 用"棱锥"命令△绘制棱锥台。棱锥台的底面为8mm×8mm的正方形，顶面为4mm×4mm的正方形，高度为3mm［图9-35（a）］。

② 用"按住并拖动"命令⬛拖动棱锥台的顶面和底面。用鼠标选中棱锥台的顶面，向上拖动2mm，再用鼠标选中棱锥台的底面，向下拖动1mm。最后按Esc键退出"按住并拖动"命令［图9-35（b）］。

③ 用"长方体"命令◻绘制顶部的长方体，长方体的尺寸是2mm×2mm×3mm。绘制时用鼠标选中前面所画立体的顶面上的一点，以便于后面移动长方体［图9-35(c)］。

④ 用"移动"命令✛把顶部的长方体移动到中心。如果绘制的长方体如图9-35(c)所示，则移动的距离是"@-1,1"［图9-35（d）］。

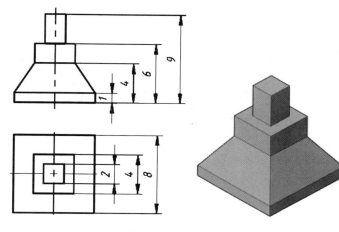

图9-34 立柱底部

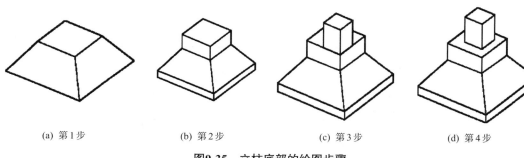

(a) 第1步   (b) 第2步   (c) 第3步   (d) 第4步

图9-35 立柱底部的绘图步骤

⑤ 选择"并集"命令◎，用框选方式选择所有实体，合并所有实体。

9.6.2 示例：五角星

先使用"扫掠"命令⬟完成图9-36所示五角星的曲面，再使用加厚命令将曲面变成实体，完成效果见图9-37。

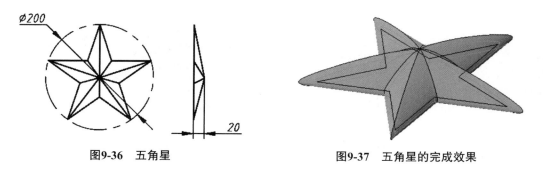

图9-36 五角星   图9-37 五角星的完成效果

① 用"多边形"命令⬠绘制正五边形。正五边形的外接圆半径为100mm［图9-38（a）］。

② 用"直线"命令 ✐ 绘制五角星［图9-38（b）］。

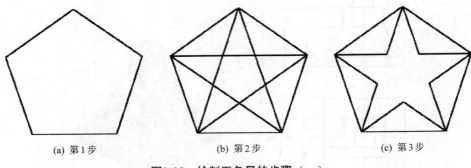

(a) 第1步　　　　　　(b) 第2步　　　　　　(c) 第3步

图9-38　绘制五角星的步骤（一）

③ 用"修剪"命令 ✛ 剪去五角星内部的线［图9-38（c）］。

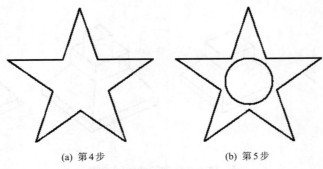

(a) 第4步　　　　　　　　(b) 第5步

图9-39　绘制五角星的步骤（二）

④ 用"删除"命令 ✐ 删除正五边形。再用"面域"命令 ▣ 把五角星变成面域［图 9-39（a）］。

⑤ 用"圆"命令的"相切、相切、相切"选项 ⊚ 画一个小圆，与五角星的五条边均相切［图9-39（b）］。为此，在系统提示指定与圆相切的元素时，应指定五角星的第一、二和四条边。

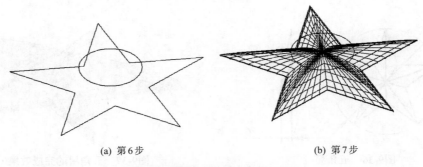

(a) 第6步　　　　　　　　(b) 第7步

图9-40　绘制五角星的步骤（三）

⑥ 单击"视图"工具栏中的"西南等轴测"按钮，切换到西南等轴测视图。把小圆沿着Z轴垂直向上移动20mm。为此，在指定基点后，指定的第二个点是"@0,0,30"

［图9-40（a）］。

⑦ 用"放样"命令生成五角星曲面。为"放样"命令指定横截面时，应先选择五角星，再输入"PO"，表示下一步要选择一个点，然后用鼠标选择小圆的圆心，之后选择"仅横截面"选项［图9-40（b）］。

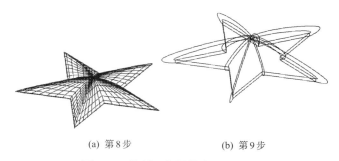

(a) 第8步   (b) 第9步

图9-41   绘制五角星的步骤（四）

⑧ 用"删除"命令删除小圆［图9-41（a）］。

⑨ 选择"加厚"命令，用鼠标选择五角星曲面，指定厚度为5mm，使五角星曲面变成实体［图9-41（b）］。

9.6.3   示例：电源接头

这个示例要使用"拉伸"命令完成电源接头（图9-42）的基座，其中需要使用"圆角"命令修饰其棱角，再使用"拉伸"命令完成其插头部分，最后将所有部分合并在一起。

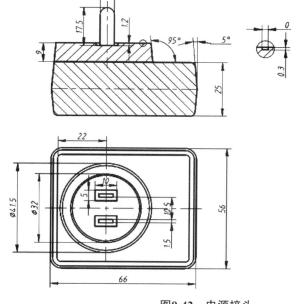

图9-42   电源接头

① 用"矩形"命令▢绘制电源接头基座的66mm×56mm矩形。然后切换到"西南等轴测"视图［图9-43（a）］。

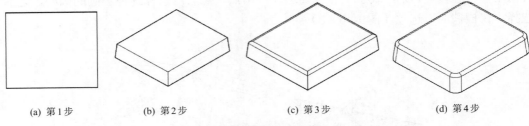

(a) 第1步   (b) 第2步   (c) 第3步   (d) 第4步

图9-43　电源接头的绘图步骤（一）

② 选择"拉伸"命令▣，用鼠标选择上一步画好的矩形，生成电源接头基座的上半部分。这部分立体的高度为12.5mm，倾斜角为5［图9-43（b）］。

③ 用"圆角"命令◉给电源接头基座的顶部倒出圆角。这需要使用"圆角"命令的环边选项(L)，用鼠标选择电源接头基座的一条顶边，然后选择接受(a) 或下一个(N)，确保选中电源接头基座顶部的四条边，最后指定圆角半径为2mm［图9-43（c）］。

④ 用"圆角"命令◉给电源接头基座的四条棱边倒出圆角。这需要使用圆角命令的链选项(C) ，然后用鼠标依次选择电源接头基座的四条棱边，最后指定圆角半径为5mm［图9-43（d）］。

(a) 第5步   (b) 第6步   (c) 第7步

图9-44　电源接头的绘图步骤（二）

⑤ 用"镜像"命令⬚生成电源接头基座的下半部分。镜像平面就是当前立体的底面。为此，在选择了"镜像"命令后，用鼠标选择已画好的电源接头基座，依次选择当前立体的底面上的三个点［图9-44（a）］。

⑥ 切换到俯视图，用"圆"命令◉绘制一个直径为41.5mm的圆，其圆心与电源接头左端面相距22mm［图9-44（b）］。

⑦ 切换到"西南等轴测"视图，用"拉伸"命令▣生成电源接头上方的圆锥部分。该圆锥的底面半径为20.75mm，高度为9mm，倾斜角为5°。这需要选择"拉伸"命令，再用鼠标选择刚才画好的圆，然后输入倾斜角5°和高度9mm［图9-44（c）］。

⑧ 切换到前视图，用"直线"命令／绘制圆锥的轴线。此时应使用捕捉圆心的辅助工具选择圆锥底面和顶面的圆心［图9-45（a）］。

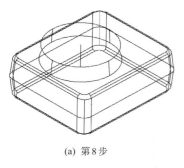
(a) 第8步

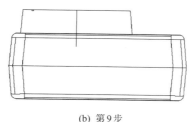
(b) 第9步

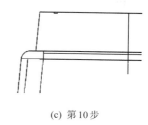
(c) 第10步

图9-45 电源接头的绘图步骤（三）

⑨ 用"直线"命令 ╱ 绘制一个小矩形。这个矩形的大小为0.7mm×0.3mm，距离圆锥轴线16mm［图9-45（b）］。

⑩ 用"面域"命令 ◎ 为刚才画好的矩形建立面域。在建立面域时，可以采用框选方式选择上一步绘制的小矩形，然后用框选方式删除多余的水平线［图9-45（c）］。

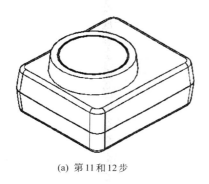
(a) 第11和12步

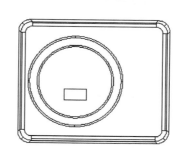
(b) 第13步

图9-46 电源接头的绘图步骤（四）

⑪ 用"旋转"命令 ◎ 生成电源接头上方的圆锥部分的凹槽。旋转轴线就是圆锥的轴线。为此，在选择"旋转"命令后，用框选方式选中刚才绘制的面域，再用鼠标选择圆锥轴线的两个端点［图9-46（a）］。

⑫ 用"差集"命令 ◎ 从圆锥体中减去凹槽部分。为此，在选择"差集"命令后，先用鼠标选择圆锥体，回车后再用鼠标选择凹槽部分［图9-46（a）］。

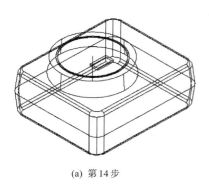
(a) 第14步

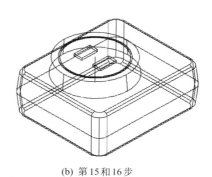
(b) 第15和16步

图9-47 电源接头的绘图步骤（五）

⑬ 切换到俯视图，用"矩形"命令▭以圆锥顶面的圆心作为起点，绘制一个10mm×5mm的矩形，再用"移动"命令✛把所绘制的矩形移动"@−5,3.5"到指定位置［图9-46（b）］。

⑭ 选择"拉伸"命令▧，用鼠标选择刚才绘制的矩形，拉伸的高度指定为"−1.2"，生成接头所在的长方体凹槽［图9-47（a）］。

⑮ 选择"三维镜像"命令▨，用鼠标选择已画好的长方体凹槽，用鼠标选择圆锥轴线的两个端点，和电源接头基座对称面上的一个点，生成另一个长方体凹槽［图9-47（b）］。

⑯ 用"差集"命令◉从圆锥体中减去凹槽部分。为此，在选择"差集"命令后，先用鼠标选择圆锥体，回车后再用鼠标选择长方体凹槽［图9-47（b）］。

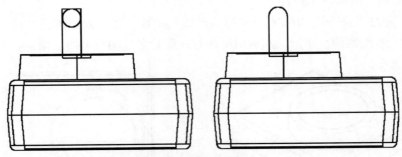

图9-48 电源接头的第17步

⑰ 切换到前视图，用"矩形"命令▭以长方体凹槽左下角作为起点，绘制一个6.5mm×17.5mm的矩形，再用"圆"命令的"相切、相切、相切"选项◉绘制一个圆，这个圆与6.5mm×17.5mm矩形的右边、左边和顶边相切，然后用"修剪"命令┼去除多余的线，最后用面域命令▣生成插头部分的截面（图9-48）。

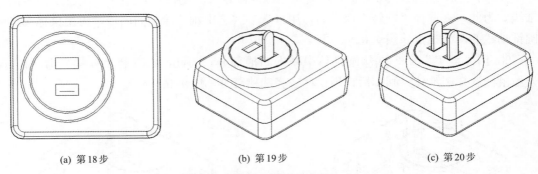

(a) 第18步　　　　　　(b) 第19步　　　　　　(c) 第20步

图9-49 电源接头的绘图步骤（六）

⑱ 切换到俯视图，用"移动"命令✛把插头截面移动到长方体凹槽的中心位置，移动距离为"@1.75,1.75"［图9-49（a）］。

⑲ 切换到"西南等轴测"视图，选择"拉伸"命令▧，用鼠标选择刚才绘制的面域，拉伸的高度指定为1.5mm，生成插头部分［图9-49（b）］。

⑳ 选择"三维镜像"命令✂️，用鼠标选择已画好的插头部分，用鼠标选择圆锥轴线的两个端点，和电源接头基座对称面上的一个点，生成另一个插头 [图9-49（c）]。

㉑ 择"并集"命令⚪，用框选方式选择所有实体，合并所有实体。

9.6.4 示例：遥控器壳

这个示例要使用"拉伸"命令和"抽壳"命令完成遥控器壳（图9-50）的主体，再用圆柱体命令挖出其上的孔。

图9-50 遥控器壳

① 用"圆"命令和"修剪"命令画出遥控器壳的主体。首先用"圆"命令🖊绘制两个半径为20mm的圆，它们的圆心距离为58mm，再用"圆"命令的"相切、相切、半径"选项🖊绘制一个半径为75mm的圆，这个圆与刚才画的两个半径为20mm的圆相切。最后用"圆角"命令📐把下方半径为65mm的圆弧画出来。最后用"修剪"命令✂去除多余的圆弧 [图9-51（a）]。

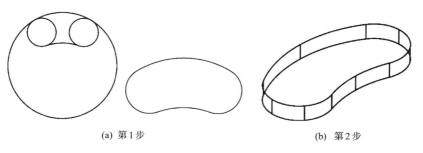

(a) 第1步　　　　　　　　　　　　　　(b) 第2步

图9-51 遥控器壳的绘图步骤（一）

② 用"面域"命令◎给这个图形生成面域，再切换到"西南等轴测"，用"拉伸"命令✏生成遥控器壳的主体，拉伸的高度指定为10mm［图9-51（b）］。

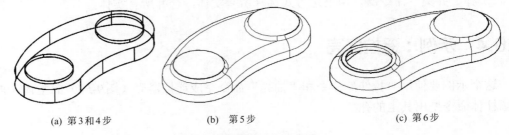

(a) 第3和4步　　　　　　　(b) 第5步　　　　　　　(c) 第6步

图9-52　遥控器壳的绘图步骤（二）

③ 用"圆柱体"命令▣生成两个圆柱。选择圆柱体命令后，用鼠标选择左边圆柱顶面的圆心，指定底面半径为14mm，高度为2mm。右边的圆柱则使用右边圆柱顶面的圆心作为起点，底面半径为14mm，高度为2mm［图9-52（a）］。

④ 选择"并集"命令◎，用框选方式选择所有实体，合并三个所有实体［图9-52（a）］。

⑤ 用"圆角"命令◉给遥控器体倒圆角。这需要使用"圆角"命令的环边选项(L)，用鼠标选择实体顶面上的任意圆弧，然后选择接受(A) 或下一个(N)，确保选中实体顶面的所有圆弧，最后指定圆角半径为5mm［图9-52（b）］。

⑥ 用"圆角"命令◉给遥控器体上的两个圆柱体倒圆角。选择"圆角"命令后，用鼠标选择左边圆柱的底面，指定圆角半径为2mm。对右边的圆柱执行相同的操作［图9-52（c）］。

⑦ 用"抽壳"命令▣生成遥控器的空腔。先选择"抽壳"命令，用鼠标选择刚才建立好的实体，再用鼠标选择该实体左边的圆柱体顶面，之后需要切换视图，显示出该实体的底面，用鼠标选择该底面，然后把抽壳偏移距离指定为2mm［图9-53（a）］。

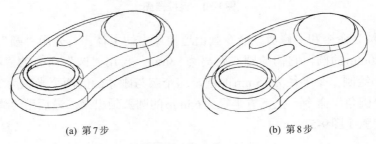

(a) 第7步　　　　　　　　　　(b) 第8步

图9-53　遥控器壳的绘图步骤（三）

⑧ 绘制中间的椭圆柱体。选择"圆柱体"命令▣，输入E，绘制长半轴为8mm、短半轴为4mm的椭圆，再输入椭圆柱体的高度"-4"。然后选择"移动"命令✛，把椭圆柱体移动"@-29,18.5"［图9-53（b）］。

⑨ 复制刚才绘制的椭圆柱体。使用"复制"命令◎，选中刚才绘制的椭圆柱体，复制的距离是13mm。为了确保复制出来的椭圆柱体在正确的位置上，可以先切换到俯视图，把鼠标垂直向下移动，然后输入数据13mm［图9-54（a）］。

(a) 第9步   (b) 第10步

图9-54　遥控器壳的绘图步骤（四）

⑩ 用"圆柱体"命令▢在右边圆柱的顶面圆心处绘制一个圆柱，该圆柱的底面半径是4mm，高度为"−4"。然后切换到俯视图，使用"移动"命令✛，以刚才绘制的圆柱体的顶面圆心为基点，垂直向上移动7.5mm。再用"环形阵列"命令▦生成4个相同的圆柱。"环形阵列"命令的中心是右边圆柱的顶面圆心［图9-54（b）］。

⑪ 用"差集"命令◎减去2个椭圆柱体和4个圆柱体。为此，在选择"差集"命令后，先用鼠标选择遥控器体，回车后再用鼠标选择2个椭圆柱体和4个圆柱体。

9.6.5　示例：螺丝刀（螺钉旋具）

螺丝刀（图9-55）的建模分为两部分，左边的部分用"旋转"命令生成，右边的部分用"扫掠"命令生成，最后用并集命令合并起来。

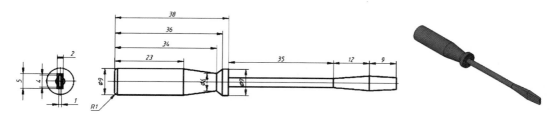

图9-55　螺丝刀

① 绘制旋转的截面。选择"直线"命令╱，用鼠标指定一点，之后依次输入"@0,4.5""@23,0""@11,−1.5""@2,1.5""@2,0""@0,3""@35,0""@0,−1.5""c"，最后回车［图9-56（a）］。

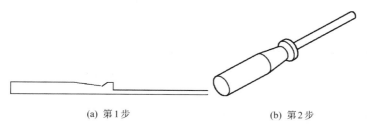

(a) 第1步   (b) 第2步

图9-56　螺丝刀的绘图步骤（一）

② 选择"面域"命令 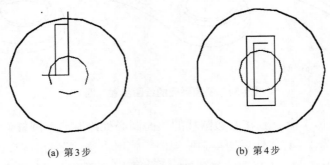，用框选方式选择所有直线，将旋转的截面转换为面域。然后选择"旋转"命令 ，用框选方式选中刚才建立的面域，再选择旋转截面底部的水平线作为旋转轴，旋转出螺丝刀的主体 [图9-56（b）]。

(a) 第3步　　　　　　　　　　　　　　　(b) 第4步

图9-57　螺丝刀的绘图步骤（二）

③ 切换到右视图，选择"圆"命令 ，用鼠标选择螺丝刀主体的圆心，绘制一个半径为1.5mm的圆，再用"矩形"命令 ，以刚才所画圆的圆心为起点，绘制一个5mm×2mm的矩形和一个4mm×1mm的矩形 [图9-57（a）]。

④ 使用"移动"命令 ，把5mm×2mm的矩形移动"@1，−2.5"，把4mm×1mm的矩形移动"@0.5，−2"，使它们的中心位于圆心上 [图9-57（b）]。

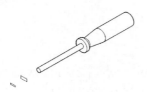

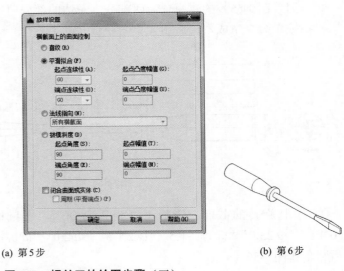

(a) 第5步　　　　　　　　　　　　　　　(b) 第6步

图9-58　螺丝刀的绘图步骤（三）

⑤ 切换到前视图，使用"移动"命令 ，把5mm×2mm的矩形向右移动12mm，把4mm×1mm的矩形向右移动21mm [图9-58（a）]。

⑥ 切换到西南等轴测视图，用"放样"命令 生成螺丝刀的头部。为此，选择"放样"命令，再用鼠标依次选择半径为1.5mm的圆、5mm×2mm的矩形和4mm×1mm的矩形，之后选择"设置"选项，在打开的对话框中，选中"直纹"单选按钮，点击"确定"[图9-58（a）]。

⑦ 选择"并集"命令⚫⚫，用框选方式选择所有实体，合并所有实体 [图9-58（b）]。

习　　题
---

1. 试用三维表达圆柱体，直径200mm，高度500mm。
2. 绘制铅笔的三维立体图。
3. 绘制电冰箱的三维视图。
4. 试设计一款手机外壳，并用三维视图表达。

AutoCAD

AutoCAD全实例教程（视频精讲版）

快速入门与进阶

10

打印输出

学习目标：

学习打印输出的设置。

与WORD等文档处理软件打印时通常采用相同纸张大小分页打印不同，AutoCAD图纸的幅面变化很大，从A4到A0甚至加长，而且不同图纸的打印要求也不相同，有的需要打印成彩色，有的需要打印成黑白，有的还需要打印成灰度。为了满足不同行业用户的需求，AutoCAD的打印对话框非常复杂，下面介绍AutoCAD图纸的打印过程。

10.1　打印输出设置

　　在AutoCAD中完成了图纸的创建和编辑后，就要打印输出。具体方法是依次单击"输出"选项卡→"打印"面板→"打印"🖨，打开"打印－模型"对话框，如图10-1所示。在这个对话框中，有一些设置选项。

图10-1　"打印－模型"对话框

　　①"页面设置"选项组：显示了当前页面设置的名称。单击右边的"添加"按钮，可以添加以前建立好的页面设置。

　　②"打印机/绘图仪"选项组：指定打印或发布布局或图纸时使用的已配置的打印设备。在"名称"下列出了可用的 PC3 文件或系统打印机，如图10-2所示，可以从中进行选择。如图10-3所示的小图标是局部预览，它精确显示了相对于图纸尺寸和可打印区域的有效打印区域。把鼠标移动到这个小图标上，工具提示会显示图纸尺寸和可打印区域。

　　如果选定绘图仪不支持布局中选定的图纸尺寸，将显示警告，用户可以选择绘图仪的默认图纸尺寸或自定义图纸尺寸。例如，如果要将图形转换为JPG文件，则选择的打印设备应是PublishtoWeb JPG.pc3，此时会显示如图10-4所示的对话框。

　　③"图纸尺寸"选项组：显示了所选打印设备可用的标准图纸尺寸。页面的实际可打印区域（取决于所选打印设备和图纸尺寸）在布局中由虚线表示。如果打印的是光栅

图像（如 BMP 或 TIFF 文件），打印区域大小的指定将以像素为单位而不是英寸或毫米。

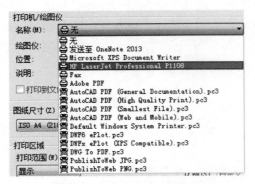

图10-2　可用的 PC3 文件或系统打印机

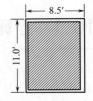

图10-3　局部预览

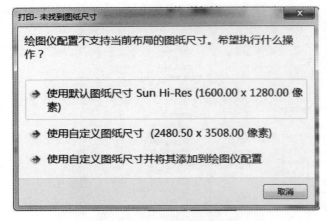

图10-4　图纸尺寸警告对话框

图10-5　"打印范围"下拉框

　　④"打印区域"选项组：指定要打印的图形区域，如图10-5所示。其中有4个选项，"图形界限"选项将打印栅格界限定义的整个绘图区域。"范围"选项将打印包含对象的图形的部分当前空间。"显示"选项将打印当前布局中当前视口中的视图。"窗口"选项将打印指定的图形部分。指定要打印区域的两个角点时，"窗口"按钮才可用。单击"窗口"按钮以使用定点设备指定要打印区域的两个角点，或输入坐标值。

　　⑤"打印偏移"选项组：指定打印区域相对于可打印区域左下角或图纸边界的偏移。通过在"X偏移"和"Y偏移"框中输入正值或负值，可以偏移图纸上的几何图形。在"X偏移"中输入正值，图形会向右偏移，在"Y偏移"中输入正值，图形会向上偏移。而"居中打印"自动计算X偏移和Y偏移值，在图纸上居中打印。

　　⑥"打印比例"选项组：控制图形单位与打印单位之间的相对尺寸。其中。"布满图纸"选项缩放打印图形以布满所选图纸尺寸，并在"比例""毫米＝"和"单位"框中显示自定义的缩放比例因子。在"比例"框中可以定义输出的精确比例。"自定义"可定义用户定义的比例。可以通过输入与图形单位数等价的英寸（或毫米）数来创建自

定义比例。

　　⑦"着色视口选项"选项组：指定着色或渲染视口的打印方式，并确定它们的分辨率级别和每英寸点数 (DPI)。"着色打印"选项指定视图的打印方式，其中包含按显示、线框、消隐、三维隐藏、三维线框、概念、真实和渲染（主要用于打印三维对象）。"质量"选项指定着色或渲染视口的打印分辨率，其中包含草稿、预览、普通、演示、最大和自定义。"DPI"选项指定渲染或着色视图的每英寸点数，最大可为当前打印设备的最大分辨率。

　　⑧"打印选项"选项组：指定线宽、透明度、打印样式、着色打印和对象的打印次序等选项。选中"打印对象线宽"，指定打印指定给对象和图层的线宽。选中"按样式打印"指定打印应用于对象和图层的打印样式。

　　⑨"图形方向"选项组：为支持纵向或横向的绘图仪指定图形在图纸上的打印方向。"纵向"选项放置并打印图形，使图纸的短边位于图形页面的顶部。"横向"选项放置并打印图形，使图纸的长边位于图形页面的顶部。"上下颠倒打印"上下颠倒地放置并打印图形。右边的图标指示选定图纸的介质方向并用图纸上的字母表示页面上的图形方向。

　　⑩"预览"选项组：按执行 PREVIEW 命令时在图纸上打印的方式显示图形。

　　⑪"打印样式表(画笔指定)"选项组：设定、编辑打印样式表，或者创建新的打印样式表，如图10-6所示。为了简化打印的设置，AutoCAD 提供了一些常用的打印样式表，如果没有特殊的需要，可以直接选用这些打印样式表。就算有特殊需要，也可以选择其中一种打印样式表，在现有的打印样式表的基础上修改。

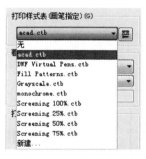

图10-6　打印样式表

　　下面是几种常用的打印样式表。

　　a．acad.ctb。这个打印样式表中所有颜色的设置都是使用对象颜色，按原色输出。

　　b．monochrome.ctb。黑色单设输出，所有索引色都将打印成黑色，是非常常用的打印样式表。

　　c. Grayscale.ctb。灰度打印输出，就是会将索引色映射成深浅不一的灰色进行打印，在一些特殊状况下使用。这个打印样式表并不是将每种颜色的输出颜色设置成一种灰色，而是直接在打印样式表中打开了灰度的开关。

　　打印样式表不仅可以控制打印输出的颜色，还可以设置线宽及其他一些效果，例如选择"acad.ctb"，然后单击后面的编辑打印样式表按钮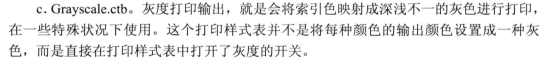，就打开"打印样式表编辑器"对话框，如图10-7所示。

　　在"打印样式表编辑器"对话框中，左侧是打印样式也就是颜色列表，右侧则是设置的打印特性。颜色1是红色，右侧设置的默认颜色是"使用对象颜色"，也就是说红色的图形打印时仍是红色。向下拖动左侧颜色列表的滚动条，可以看到颜色共有255种，对应 AutoCAD 的255种索引色。

　　在图10-7所示对话框中还可以设置线型、线宽、填充等。比如图纸中将粗实线设置为黑色，在打印时，需要使粗实线的效果更明显，可以在左侧颜色列表中选择黑色，在右侧的"线宽"下拉框中选择"0.7000毫米"，预览效果中的粗实线就非常明显。

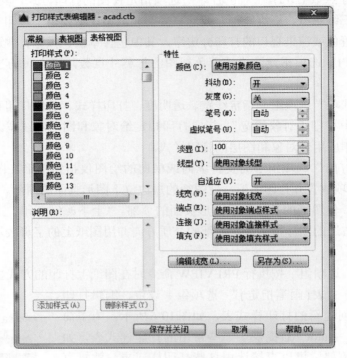

图10-7   打印样式表编辑器

10.2   打印输出示例

下面用一个具体的示例来说明如何打印输出已完成的图纸。

① 打开已画好的"带轮"文件。

② 依次单击"输出"选项卡→"打印"面板→"打印" 🖶，打开"打印－模型"对话框，如图10-8所示。

③ 在"打印－模型"对话框中，在"打印机/绘图仪"选项组中指定打印机，本例指定的打印机是"HP LasterJet Professional P1108"。在"图纸尺寸"选项组中选择A4。

④ 在"打印区域"选项组的"打印范围"下拉框中选择"窗口"选项，在屏幕上选择零件图的左上角点和右下角点，作为要打印的区域。

⑤ 在"打印偏移"选项组中选择"居中打印"；在"打印比例"选项组中选择"布满图纸"；在"着色视口选项"选项组中，给"着色打印"选项选择"按显示"，给"质量"选项选择"常规"；在"图形方向"选项组中选择"纵向"。

⑥ 在"打印样式表(画笔指定)"选项组中选择"monochrome.ctb"，表示黑白打

印。为了使粗实线的效果更明显，单击右边的编辑打印样式表按钮，打开"打印样式表编辑器"对话框，在左侧颜色列表中选择黑色，在右侧的"线宽"下拉框中选择"0.7000毫米"（图10-9），然后单击"保存并关闭"，回到"打印－模型"对话框。

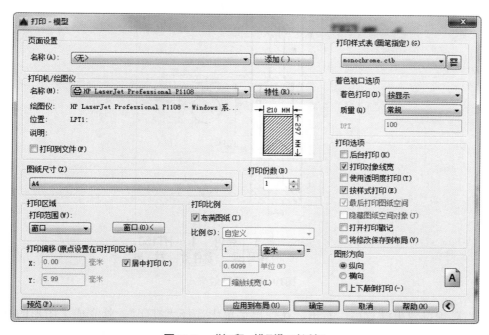

图10-8 "打印－模型"对话框

图10-9 指定粗实线的线宽

⑦ 单击"预览"按钮，查看效果（图10-10）。

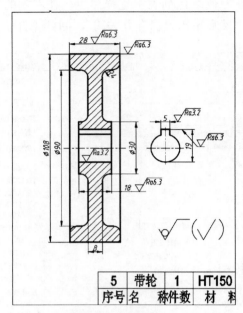

图10-10 预览效果

⑧ 对预览效果满意后，右击，在弹出菜单中选择"打印"，就完成了图形的打印。如果不满意，则在弹出菜单中选择"退出"，回到"打印-模型"对话框，继续编辑。

------ 习 题 ------

1. 试将题图1打印在A3图纸上。

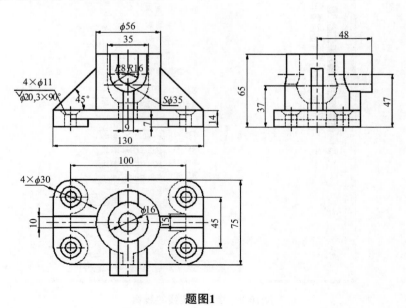

题图1

2. 将题图2打印在A4图纸上。

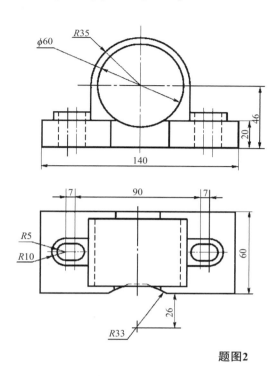

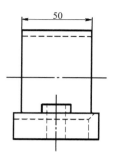

题图2

3. 试将第7章中的排气管零件图打印A4图纸上。
4. 试将第7章中的拨叉零件图打印A4图纸上。
5. 齿轮泵第8章中的装配图打印在A3图纸上。

参考文献

[1] CAD/CAM/CAE技术联盟. AutoCAD 2014中文版从入门到精通（实例版）. 北京：清华大学出版社，2014.

[2] 樊百林，等. 现代工程设计制图实践教程. 北京：中国铁道出版社，2017.